RECHNEN

zur
VORBEREITUNG AUF DEN BERUF

**Ausgabe für den
hauswirtschaftlich-sozialpflegerischen Bereich**

Von
Prof. Dr. Peter Bardy,
Siegfried Dallmann
und
Christine Pauli-Friesdorf,
unter Mitarbeit von
Thomas Bardy

8. Auflage

HANDWERK UND TECHNIK · HAMBURG

Hinweise

1. Zur Lösung fast aller Aufgaben können Sie einen **Taschenrechner** benutzen. **Einfache Rechnungen** sollten Sie aber **im Kopf** oder **handschriftlich** durchführen.

   In Ihrem Buch finden Sie auch Aufgaben, die Sie unbedingt im Kopf oder handschriftlich lösen sollten.

2. Wir empfehlen einen Taschenrechner mit **Prozenttaste** % zu benutzen.

3. Die durch ein Kästchen gekennzeichneten Seiten, z. B. 5 oder 11 , sind wichtig.

   Seiten ohne Kästchen, z. B. **71**, können ausgelassen werden.

4. Wichtige Kapitel sind im Inhaltsverzeichnis rot unterlegt.

5. Aufgaben mit einem Stern sind für Könner.

ISBN 3-582-**20119**-8

Verlag Handwerk und Technik G.m.b.H.,
Lademannbogen 135, 22339 Hamburg; Postfach 63 05 00, 22331 Hamburg – 2005
E-Mail: info@handwerk-technik.de
Internet: www.handwerk-technik.de

Computersatz: comSet Helmut Ploß, 21031 Hamburg
Druck: J. P. Himmer GmbH & Co. KG, 86167 Augsburg

Inhaltsverzeichnis

1. Wir addieren

1 Wir rechnen im Kopf:

a) 7 + 8   e) 900 + 700   i) 2000 + 3500

b) 14 + 16   f) 12 + 13 + 14   j) 11 + 12 + 27

c) 12 + 24   g) 17 + 18 + 5   k) 100 + 200 + 350

d) 112 + 13   h) 350 + 650   l) 12,50 € + 13,00 €

2 Wir rechnen schriftlich:

Beispiele:	①	110		②	5,78 €
		+ 23			+ 12,98 €
		+ 38			+ 27,16 €
(Übertrag)		*1*	(Übertrag)		*11,2*
		171			45,92 €

Komma unter Komma schreiben!

a)   220   b)   77   c)   12,98 €

   +   34   + 1080   + 37,55 €

   + 128   +   355   + 51,77 €

Die nächsten Aufgaben können Sie im Kopf, schriftlich oder mit dem Taschenrechner (TR) rechnen:

3 a) Ordnen Sie die 20 im Jahre 2003 am häufigsten gewählten Lehrberufe, beginnend mit dem am meisten gewählten Lehrberuf, gemischt für junge Männer und Frauen. Notieren Sie bei jedem Beruf die Anzahl der Auszubildenden.

b) Wie viele Auszubildende insgesamt haben sich im Jahre 2003 für einen der 20 am häufigsten gewählten Lehrberufe entschieden?

Die Top Ten der Ausbildungsberufe

Zahl der Auszubildenden Ende 2003 in Deutschland

Junge Frauen		Junge Männer	
Bürokauffrau	46 645	Kfz-Mechatroniker	78 442
Arzthelferin	46 180	Elektroniker (Energie- u. Gebäudetechnik)	38 793
Einzelhandels-kauffrau	39 780	Anlagenmechaniker (Sanitär, Heizung, Klimatechnik)	36 711
Zahnmedizin. Fachangestellte	39 634	Maler und Lackierer	31 764
Friseurin	38 688	Einzelhandelskaufmann	30 868
Industriekauffrau	31 650	Koch	29 154
Fachverkäuferin (Nahrungsmittelhandwerk)	27 184	Metallbauer	27 323
Kauffrau für Bürokommunikation	26 488	Tischler	25 125
Bankkauffrau	23 287	Groß- und Außen-handelskaufmann	22 592
Hotelfachfrau	22 564	Mechatroniker	19 666

9536 © Globus   Quelle: Statistisches Bundesamt

4

Tachostand am Montagmorgen

Ein Kraftfahrer fuhr in einer Woche folgende Strecken:

Montag	285 km
Dienstag	178 km
Mittwoch	519 km
Donnerstag	68 km
Freitag	706 km

a) Wie viele km ist er in dieser Woche gefahren?

b) Ermitteln Sie den Tachostand am Freitagabend.

5
a) 75,69 + 48,90
b) 104,75 + 96,03
c) 422,82 + 105,44

d) 666,66 + 234,01
e) 832,15 + 311,96
f) 121,95 + 946,75

g) 1044,88 + 988,46
h) 2001,75 + 1996,35
i) 0,015 + 1,865

6
a) 44,21 + 95,05 + 86,09
b) 135,24 + 608,96 + 945,32
c) 1066,95 + 22,08 + 5964,22 + 1,22
d) 1224,05 + 9,96 + 8924,00 + 296,45
e) 0,86 + 1,25 + 3,95 + 4,37 + 15,75
f) 1000,96 + 2024,09 + 1,96 + 325,75 + 25,24

7

Die Waschmaschine funktioniert nicht mehr. Der Kundendienst wird angerufen. Für die Reparatur werden 72,00 € berechnet. Zusätzlich fallen noch die Kosten für die Ersatzteile (67,50 €) und die Fahrtkosten (9,00 €) an.

Wie viel € kostet die Reparatur insgesamt?

8
a) Frau Müller hat eingekauft:
beim Bäcker für 7,80 €; beim Metzger für 10,07 €; im Lebensmittelgeschäft für 24,25 €.
Außerdem fielen heute noch folgende Kosten an:
Schuhreparatur 10,10 €; monatlicher Bezugspreis für die Tageszeitung 19,30 €.

Wie viel € hat Frau Müller ausgegeben?

b) Frau Müller zahlt im Monat für ihre Wohnung:

Miete:	640,00 €
Wasser:	12,50 €
Heizung:	43,50 €
Strom:	16,90 €

Wie hoch ist die Wohnungsmiete einschließlich Nebenkosten?

9

Marita und Markus kaufen sich für ihren neuen Hausstand Töpfe:

1 Stieltopf	20,00 €
1 Gemüsetopf	27,90 €
1 Fleischtopf	34,80 €
1 Suppentopf	33,20 €
1 Pfanne	16,65 €

Welchen Betrag müssen sie im Geschäft bezahlen?

10 Damit Oliver beim Einkaufen nichts vergisst, schreibt er sich einen Einkaufszettel. Außerdem überschlägt er die Preise, damit er weiß, wie viel Geld er mitnehmen muss.

Kommt Oliver mit 30 € aus?
Schätzen Sie zunächst den Gesamtbetrag.
Addieren Sie erst dann die Einzelbeträge.

2,5 kg Kartoffeln	1,80 €
2 kg Möhren	2,20 €
750 g Gulasch	9,40 €
4 Becher Joghurt	1,50 €
1 kg Zwiebeln	2,50 €
10 Eier	1,60 €
250 g Butter	1,60 €
1 kg Bananen	2,50 €

11 Sabine möchte sich ein Sommerkleid selbst nähen.
Sie braucht dazu:

2,50 m Stoff zusammen	14,50 €		Außerdem benötigt sie noch:	
1 Reißverschluss	1,30 €		Schneiderkreide zu	0,95 €
2 m Futterstoff zusammen	3,69 €		Nähmaschinennadeln zu	1,50 €
2 Röllchen Nähseide zusammen	1,45 €		und Spulen zu	1,25 €

Welchen Betrag muss Sabine insgesamt bezahlen?

12 Für das Fach Nahrungszubereitung in der Schule wurden in den Monaten September, Oktober und November folgende Beträge ausgegeben:

September	Oktober	November
16,40 €	18,10 €	31,26 €
12,17 €	11,45 €	17,44 €
15,01 €	16,99 €	24,74 €
15,58 €	21,72 €	17,59 €
19,50 €	21,06 €	15,53 €
11,22 €	19,09 €	12,23 €

a) Wie viel € wurden im jeweiligen Monat ausgegeben?
b) Wie viel € wurden insgesamt ausgegeben?

13

Sabine bezieht nach ihrer Ausbildung eine eigene kleine Wohnung. Die Ausstattung ihrer Küche ist nicht vollständig.

Sie kauft sich noch folgende Geräte:
1 Springform	10,00 €
1 Kastenform	8,00 €
1 Auflaufform	24,50 €
1 Nudelholz	3,85 €
1 Durchschlag	2,95 €
1 Küchenwaage	13,20 €
1 Handrührgerät	28,00 €

Wie viel € muss Sabine insgesamt bezahlen?

2. Wir subtrahieren

1 Wir rechnen im Kopf:

a) 9 – 7   d) 17 – 9   g) 110 – 20   j) 300 – 50 – 120

b) 7 – 2   e) 33 – 13   h) 220 – 50   k) 200 – 40 – 60

c) 16 – 11   f) 45 – 24   i) 1000 – 450   l) 170 – 55 – 25

2 Wir rechnen schriftlich:

Beispiele:	① 587 – 345 ‾‾‾ 242	② 6,738 kg – 1,329 kg ‾‾‾ 5,409 kg	③ 330,67 € – 18,49 € ‾‾‾ 312,18 €

Komma unter Komma!

a)   96
   – 64

b)   791
   – 556

c)   3,675 kg
   – 1,457 kg

d)   293,43 €
   – 78,28 €

e) 807 – 603   f) 971 – 50,8   g) 3,89 – 1,777   h) 17,197 – 8,23

3 Eine Verkäuferin schneidet von einem 12 m langen Stoffballen 2,50 m ab.

Wie viele m bleiben übrig?

4
a) 1000 – 250 – 36
b) 4555 – 832 – 604
c) 732,06 – 604,2 – 7,5
d) 62,85 – 15,25 – 4,32

5 Für Anschaffungen in ihrer neuen Wohnung leiht sich Marion von ihren Eltern 2000 €. Sie zahlt das Geld in Raten zurück:
1. Rate: 250 €
2. Rate: 150 €
3. Rate: 375 €
4. Rate: 225 €
5. Rate: 680 €

Welchen Betrag muss Marion noch an ihre Eltern zahlen?

6 Herr Müller hat seinen Hausrat mit 50 000 € versichert. Seine Einrichtung hat folgende Werte:

Wohnzimmer	20 545 €,
Farbfernseher	1 500 €,
Schlafzimmer	9 860 €,
Küche	10 758 €,
Teppichboden	3 680 €,
Waschmaschine	748 €,
Kinderzimmer	680 €.

Ihm fällt ein, dass er die mittlerweile verkaufte Truhe im Wert von 1800 € bei seiner Wohnzimmereinrichtung mitgerechnet hat. In den nächsten Tagen will er einen Sessel zum Einzelpreis von 278 € kaufen.

Überprüfen Sie, ob die Versicherungssumme ausreicht.

7 Das Mindesthaltbarkeitsdatum gibt Auskunft über die Frische und Haltbarkeit eines Lebensmittels.

Wie viele Tage nach dem Kauf sind die folgenden Lebensmittel noch mindestens haltbar?

Lebensmittel	gekauft am	mindestens haltbar bis
a) Joghurt	14.06.	30.06.
b) Vollmilch	27.05.	31.05.
c) H-Milch	26.07.	23.08.
d) Frischkäse	16.08.	19.09.

8 Karin hat eingekauft. Sie bezahlt an der Kasse.

Wie viel € muss ihr die Kassiererin jeweils zurückgeben?

Die Summe lautet:	Karin bezahlt mit:
a) 7,23 €	10,00 €
b) 12,14 €	20,00 €
c) 22,97 €	25,00 €
d) 43,88 €	50,00 €

9 Astrid vergleicht Preise.

a) Rechnen Sie jeweils die Preisdifferenz aus.
b) Welches Geschäft ist jeweils günstiger?
c) Wo würden Sie einkaufen, wenn Sie alle Lebensmittel in einem Geschäft kaufen wollen?

Lebensmittel	Geschäft A	Geschäft B
1 l Vollmilch	0,51 €	0,66 €
250 g Butter	1,22 €	1,43 €
1 Joghurt	0,18 €	0,24 €
1 kg Mehl	0,46 €	0,72 €
1 kg Zucker	0,74 €	1,01 €
250 g Sahne	0,86 €	0,72 €
10 Eier	1,53 €	1,65 €
100 g Mandeln	1,28 €	0,96 €

10 Bei der Vorbereitung von Obst und Gemüse entsteht Abfall, z. B. durch das Schälen oder das Entfernen des Steins bei Steinobst.

Berechnen Sie die fehlenden Angaben.

Lebensmittel	eingekaufte Menge	Abfall	vorbereitete Menge
a) Blumenkohl	3,500 kg	?	2,170 kg
b) Kohlrabi	5,800 kg	?	3,944 kg
c) Rhabarber	4,400 kg	0,968 kg	?
d) Pfirsiche	10,600 kg	0,848 kg	?
e) Apfelsinen	6,300 kg	1,764 kg	?

11 Silke hat eine Ausbildungsstelle als Fleischereifachverkäuferin bekommen. Im 1. Jahr verdient sie 420 €, im 2. Jahr 455 €, im 3. Jahr 518 €.

Wie viel verdient Silke jeweils im 2. und im 3. Jahr mehr als im 1. Jahr?

12 Marianne liest in einem Inserat:
a) Blusen   statt 24,00 € nur 11,50 €
b) Kleider   statt 62,50 € nur 40,25 €
c) Hosen   statt 45,45 € nur 22,25 €
d) Jacken   statt 47,90 € nur 28,25 €

Um wie viel € sind die Kleidungsstücke jeweils herabgesetzt?

3. Addition und Subtraktion in Beruf und Alltag

1 Marita und Markus wollen ihre neue Wohnung einrichten. Sie haben sich in Fachgeschäften beraten lassen und die Preise notiert.

a) Was müssen sie jeweils für die Wohnzimmer-, die Küchen- und die Schlafzimmereinrichtung bezahlen?

b) Was kostet die gesamte Einrichtung?

1 Ausziehbarer Tisch	170 €
4 Stühle je	35 €
1 Wohnzimmerschrank	540 €
1 Sideboard	300 €
1 Regal	115 €
1 Couch	450 €
2 Sessel je	140 €
1 Couchtisch	220 €
1 Deckenleuchte	40 €
1 Stehlampe	50 €
1 Teppich	105 €
1 Servierwagen	45 €
1 Fernsehsessel	185 €
1 Schränkchen für die Stereoanlage	125 €

1 Elektroherd	435 €
2 Unterschränke je	148 €
2 Hängeschränke je	127 €
1 Besenschrank	132 €
1 Spüle	312 €
1 Küchentisch	69 €
2 Küchenstühle je	35 €
1 Kühlschrank	165 €
1 Gefrierschrank	330 €
1 Geschirrspülmaschine	415 €
2 Regale je	13 €
1 Deckenleuchte	12 €
1 Wandleuchte	14 €

2 Betten je	335 €
2 Nachttische je	60 €
1 Kleider- und Wäscheschrank	675 €
2 Matratzen-Schonauflagen je	12,50 €
2 Matratzen je	135 €
2 Oberbetten je	85 €
2 Kopfkissen je	28 €
2 Wolldecken je	65 €
1 Deckenleuchte	39 €
2 Nachttischlampen je	27 €
2 Hocker je	42 €
1 Frisierkommode	120 €

2 Die Hauswirtschafterin Anne und der Hauswirtschafter Axel arbeiten in der Woche folgende Stunden:

Tage	Anne	Axel
Montag	6,50 Stunden	7,50 Stunden
Dienstag	4,25 Stunden	8,00 Stunden
Mittwoch	9,00 Stunden	7,75 Stunden
Donnerstag	8,00 Stunden	8,00 Stunden
Freitag	7,50 Stunden	7,50 Stunden

Sie arbeiten aus betrieblichen Gründen manchmal mehr, als es die Regelarbeitszeit vorsieht.

Berechnen Sie, wer von beiden mehr Stunden in der Woche gearbeitet hat.

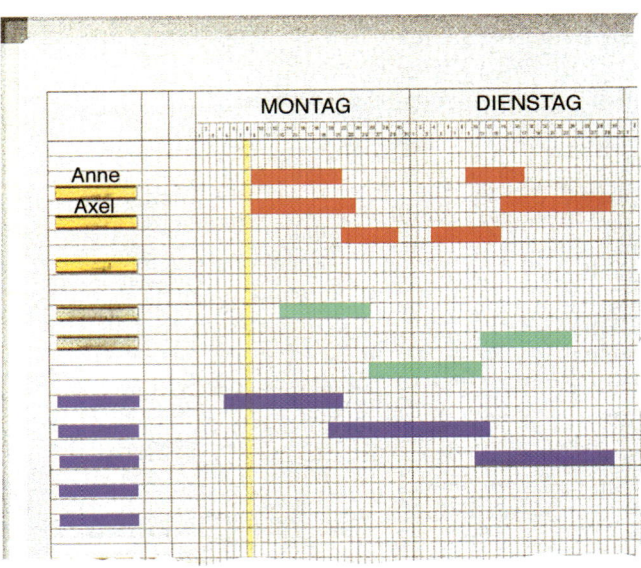

3

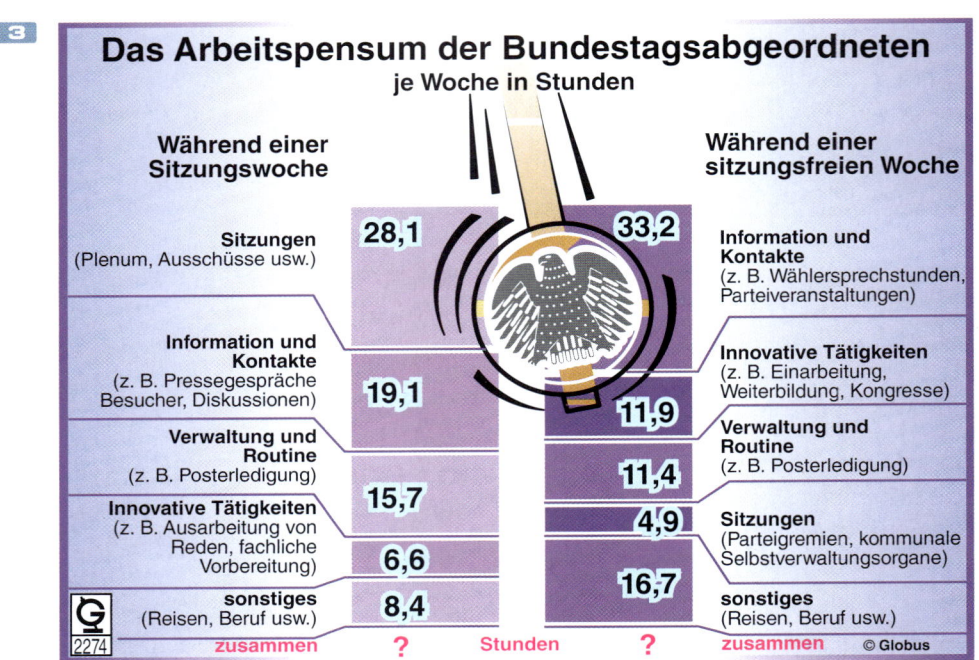

Das Arbeitspensum der Bundestagsabgeordneten
je Woche in Stunden

Während einer Sitzungswoche

Sitzungen (Plenum, Ausschüsse usw.)	28,1
Information und Kontakte (z. B. Pressegespräche Besucher, Diskussionen)	19,1
Verwaltung und Routine (z. B. Posterledigung)	15,7
Innovative Tätigkeiten (z. B. Ausarbeitung von Reden, fachliche Vorbereitung)	6,6
sonstiges (Reisen, Beruf usw.)	8,4
zusammen	?

Während einer sitzungsfreien Woche

Information und Kontakte (z. B. Wählersprechstunden, Parteiveranstaltungen)	33,2
Innovative Tätigkeiten (z. B. Einarbeitung, Weiterbildung, Kongresse)	11,9
Verwaltung und Routine (z. B. Posterledigung)	11,4
Sitzungen (Parteigremien, kommunale Selbstverwaltungsorgane)	4,9
sonstiges (Reisen, Beruf usw.)	16,7
zusammen	?

Stunden

2274   © Globus

Bei Bundestagsdebatten sind häufig viele Abgeordnetensitze leer. Manche Bundesbürger glauben, die Abgeordneten hätten ein schönes Leben.

Berechnen Sie das Arbeitspensum eines Abgeordneten
a) während einer Sitzungswoche,
b) während einer sitzungsfreien Woche.

4

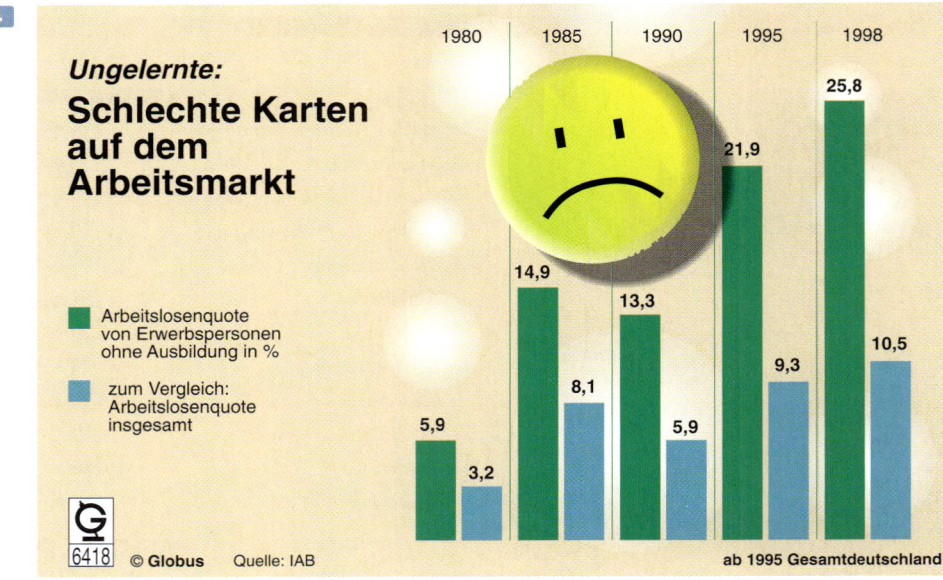

Ungelernte:
Schlechte Karten auf dem Arbeitsmarkt

	1980	1985	1990	1995	1998
Arbeitslosenquote von Erwerbspersonen ohne Ausbildung in %	5,9	14,9	13,3	21,9	25,8
zum Vergleich: Arbeitslosenquote insgesamt	3,2	8,1	5,9	9,3	10,5

6418   © Globus   Quelle: IAB

ab 1995 Gesamtdeutschland

a) Wie hoch war die Arbeitslosenquote im Jahr 1995 in Deutschland ingesamt?
b) Wie hoch war die Arbeitslosenquote von Erwerbspersonen ohne Ausbildung im Jahr 1995 in Deutschland?
c) Um wie viel Prozentpunkte lag jeweils in den Jahren 1980–1998 die Arbeitslosenquote von Erwerbspersonen ohne Ausbildung über der Arbeitslosenquote insgesamt?

5 Sie müssen auch Zahlen in Buchstaben schreiben können!

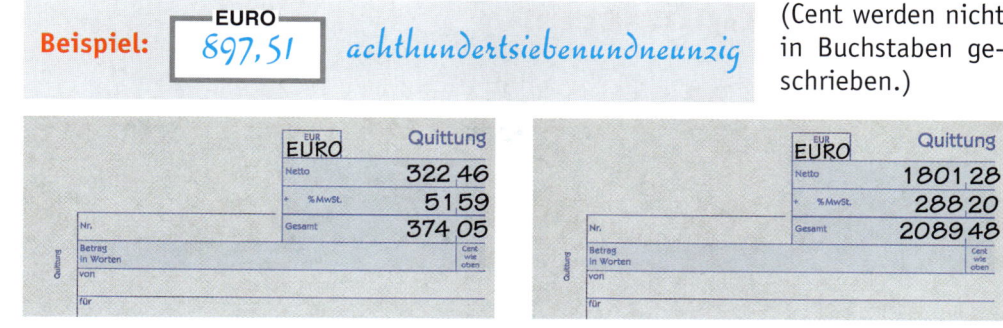

Beispiel: EURO 897,51 *achthundertsiebenundneunzig*

(Cent werden nicht in Buchstaben geschrieben.)

Schreiben Sie die Geldwerte in Zahlen und in Buchstaben auf ein Blatt.

6 Kontrollieren Sie den Kontoauszug! Berechnen Sie für jeden Tag die Zwischensumme.

Beispiel für 02.10.:

    2.765,91 → Saldovortrag (Kontostand vor Buchung)
    – 77,86 → Lastschrift
    ──────────
        ?

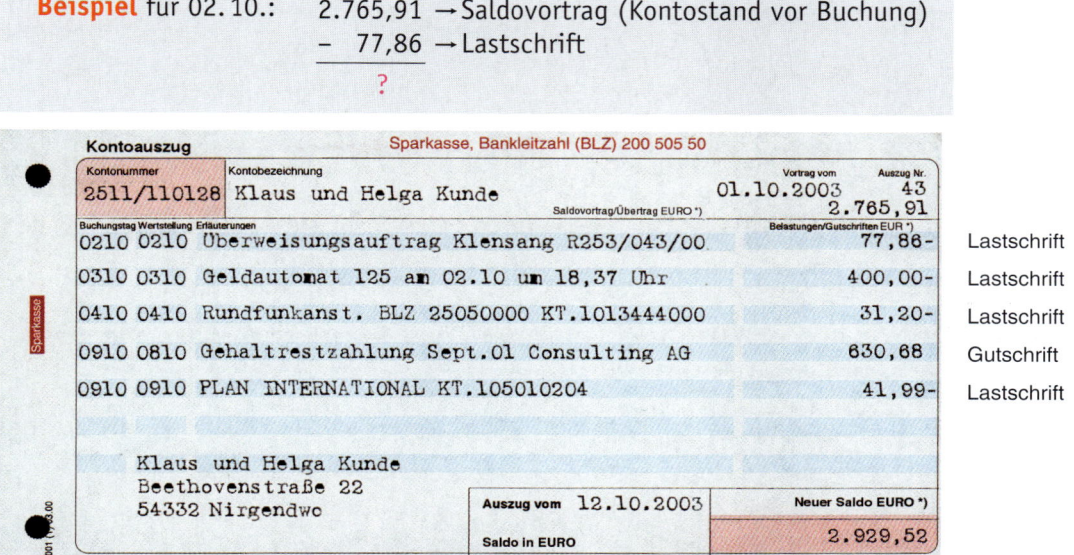

7 Die durchschnittliche Tageskörpertemperatur (rektal gemessen) wird bei einem Mann mit 36,7 °C, bei einer Frau mit 37,0 °C und einem Säugling/Kleinkind mit 37,5 °C angegeben.

Lesen Sie von den Thermometern a) bis d) die Temperaturen ab und ermitteln Sie, um wie viel °C diese unter (–) oder über (+) der durchschnittlichen Tageskörpertemperatur eines Mannes, einer Frau bzw. eines Säuglings/Kleinkindes liegen.

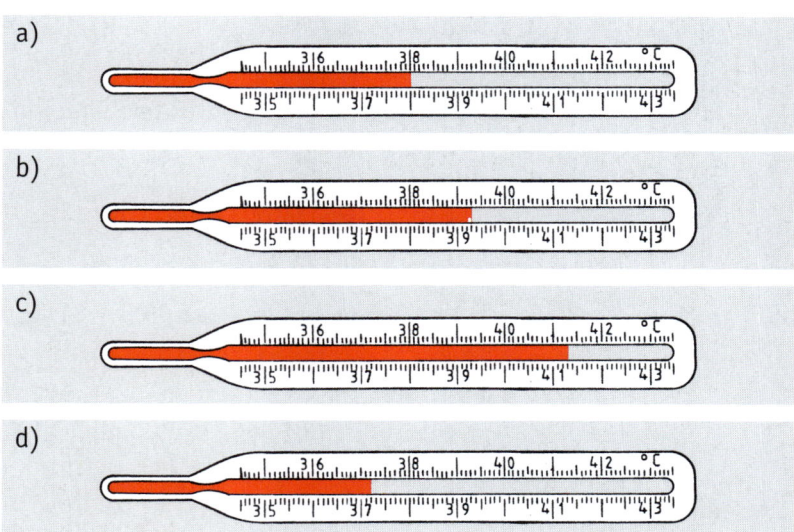

Fertigen Sie eine Tabelle nach folgendem Muster:

Thermometer	abgelesene Temperatur	Unterschied		
		Mann	Frau	Säugling/Kleinkind
a)	38,0 °C	+1,3 °C	?	?
b)	?	?	?	?
c)	?	?	?	?
d)	?	?	?	?

4. Wir multiplizieren

1 Rechnen Sie im Kopf:

a) 6 · 7 c) 8 · 9 e) 25 · 4 g) 3,5 · 2
b) 7 · 8 d) 11 · 11 f) 5 · 50 h) 1,52 € · 3

2 Rechnen Sie schriftlich:

Beispiele:

① 56 · 4
224

② 18 · 21
36
18
378

③ 3,7 · 1 3
37
1 1 1
4 8,1

④ 2,31 · 4,43
924
924
693
10,2333

Stellen
43 21
↓↓ ↓↓

Stellen
4321
↓↓↓↓

2,31 · 4,43 = 10,2333

Wohin muss das Komma?

> Im Ergebnis wird das Komma so gesetzt, dass genau so viele Nachkommastellen entstehen wie bei den zwei Zahlen der Aufgabe.

a) 34 · 3   b) 22 · 31   c) 5,3 · 17   d) 7,58 · 15,1   e) 12,4 · 13,5

3 Überschlagen Sie im Kopf und kontrollieren Sie anschließend Ihr Ergebnis mit dem TR:

Beispiel: 17,8 · 4,4 ≈ 20 · 4 = 80; ⎡1⎤⎡7⎤.⎡8⎤✕⎡4⎤.⎡4⎤▪⎡78.32⎤

a) 18,6 · 9,3   c) 100,11 · 3,78   e) 48,7 · 4,16
b) 94 · 3,7   d) 11,7 · 17,8   f) 1666 · 0,51

4 Rechnen Sie mit dem TR und überprüfen Sie anschließend das Ergebnis durch Überschlag im Kopf:

Beispiel: 0,89 · 2,43; ⎡0⎤.⎡8⎤⎡9⎤✕⎡2⎤.⎡4⎤⎡3⎤▪⎡2.1627⎤

0,89 · 2,43 ≈ 1 · 2 = 2

a) 26,534 · 3,14   b) 99,8 · 81,7   c) 83,45 € · 3,2   d) 0,083 · 2,77

5 a) 100,5 · 3,14   c) 143,75 · 5,5   e) 324,00 · 32,6
b) 5,6 · 156,5   d) 143,6 · 8,5   f) 9,8 · 1052,75

6 Jede der 18 Schülerinnen einer Klasse möchte sich eine Perlenkette anfertigen. Für jede Kette werden 76 Perlen benötigt.

Wie viele Perlen müssen insgesamt beschafft werden?

7 a)

> Diesen Betrag müssen Sie zahlen!

Zahlen Sie immer mit den größtmöglichen Scheinen oder Münzen.

	Scheine							Münzen						
	Euro							Euro		Cent				
	500	200	100	50	20	10	5	2	1	50	20	10	5	2	1
225,26	–	1	–	–	1	–	1	–	–	–	1	–	1	–	1

Fertigen Sie eine Tabelle nach obigem Muster an; füllen Sie diese für folgende Geldwerte aus:

218,30 €	506,83 €	6,45 €	448,58 €
650,77 €	376,61 €	299,92 €	18,07 €
499,19 €	775,84 €	106,09 €	70,87 €

b) Und jetzt umgekehrt!

Sie bezahlen mit folgenden Scheinen und Münzen.

> Schreiben Sie den Rechnungsbetrag in diese Spalte.

	100	50	20	10	5	2	1	0,50	0,10	€
Beispiel:	3	1	1	–	–	–	1	1	1	371,60
	6	–	–	1	1	1	1	1	8	?
	–	8	3	2	1	2	–	–	7	?
	4	2	3	–	–	–	8	3	2	?
	–	6	–	6	9	3	–	4	–	?
	9	2	3	2	8	1	3	4	2	?
	–	7	3	5	5	4	5	6	9	?
	5	5	5	5	5	5	5	5	5	?
	1	2	3	4	5	6	7	8	9	?
	–	10	–	9	–	8	–	7	–	?

8 Übertragen Sie die Tabelle auf ein Blatt.

Berechnen Sie jeweils den Preis und tragen Sie diesen ein.

	Einheiten			
Einzelpreis	10	100	1000	10 000
4,20 €	?	?	?	?

Weitere Einzelpreise:
45,83 €   248,95 €   0,05 €   0,87 €   18,25 €   0,70 €

9 Ihre monatliche Miete beträgt 275,75 €.

Wie hoch ist die Jahresmiete?

10 In einer Schneiderei werden 12 gleiche Mäntel angefertigt. Für jeden Mantel werden 28 Knöpfe benötigt.

Wie viele Knöpfe sind insgesamt erforderlich?

11 Eine Serviererin arbeitet an 5 Tagen je 8 Stunden. Sie erhält einen Stundenlohn von 7,45 €.

Wie viel € verdient die Serviererin in dieser Zeit?

12 Für Ihr Moped haben Sie noch 18 Monatsraten in Höhe von 57,50 € zu bezahlen.

Wie viel € müssen Sie insgesamt noch zahlen?

13 Für das Telefonieren mit dem Handy geben Sie wöchentlich 12,50 € aus.

a) Wie viel € kostet Sie das Telefonieren bei gleichbleibender Gesprächsdauer in einem Monat (4 Wochen)?
b) Wie viel € kostet es in einem halben Jahr?
c) Wie viel € kostet es in einem Jahr, wenn das Gerät einen Monat außer Betrieb ist?

14 Als Näherin in einer Miederfabrik nähen Sie in einer Stunde 28 Mieder.

Wie viele Mieder fertigen Sie an, wenn Sie
a) 8 Stunden   b) 17 Stunden   c) 40 Stunden   d) 188 Stunden
arbeiten und Ihre Leistung gleichbleibend ist?

15 Berechnen Sie
a) den Tageslohn bei 8 Stunden Arbeit,
b) den Wochenlohn bei 40 Stunden Arbeit,
c) den Monatslohn bei 176 Stunden Arbeit.

Der Stundenlohn beträgt 7,58 €.

16 Im Sonderangebot gibt es Frühkartoffeln. 1 kg kostet 0,41 €. Sie kaufen 3 Säcke, ein Sack enthält 12,5 kg.

Was müssen Sie insgesamt bezahlen?

 17 Überprüfen Sie die folgende Rechnung einer Fleischerei und berichtigen Sie sie, falls es erforderlich ist.

Menge	Gegenstand		Einzel-preis €	Gesamt-preis €
1,5 kg	Schweinebauch		4,25	6,38
2 kg	magerer Speck		5,40	10,80
5 kg	Schweineschnitzel		7,57	37,85
200 g	Geflügelsalat	je 100 g	1,26	2,52
750 g	Vorderschinken	je 100 g	1,47	11,03
			Gesamtbetrag	68,58
			Skonto	− 2,58
				66,00

18 Stellen Sie die Rechnung nach obigem Muster aus und ermitteln Sie den Rechnungsbetrag.

  2 kg Kotelett   zum Einzelpreis von 6,20 €,
150 g Leberpastete   zum Preis von 1,15 € je 100 g,
250 g Jagdwurst   zum Preis von 0,74 € je 100 g und
200 g argentinischer Salat zum Preis von 0,95 € je 100 g.
Die Hausfrau zahlt mit einem Fünfzig-EURO-Schein.

Welchen Betrag erhält sie zurück?

 **19** Ein junger Mann verlangt anstelle des üblichen Lohnes für den ersten Arbeitstag einen Cent, für den zweiten Arbeitstag zwei Cent, für den dritten Tag 4 Cent, für den vierten 8 Cent und so weiter bis zum Monatsende (20 Arbeitstage); von Tag zu Tag jeweils das Doppelte.
Würden Sie auch so bescheiden sein?

Fertigen Sie eine Tabelle in der folgenden Weise an und tragen Sie für jeden Tag den Betrag in € ein. Rechnen Sie möglichst lange im Kopf!

1. Tag	2. Tag	3. Tag	4. Tag	... Tag
0,01 €	0,02 €	0,04 €	0,08 €	... €

Berechnen Sie, wie viel € der junge Mann in diesem Monat insgesamt verdienen würde.

5. Wir dividieren

1 Rechnen Sie im Kopf:

a) 18 : 6   c) 48 : 8   e) 100 : 25   g) 7,50 € : 3
b) 42 : 7   d) 27 : 9   f) 100 : 20   h) 9,00 € : 4

2 Rechnen Sie schriftlich:

Beispiele:

① 22 : 8 = 2,75
16
60
56
40
40
0

② 7,23 : 3 = 2,41
6
1 2
1 2
0 3
3
0

③ 592,8 : 13 = 45,6
52
72
65
7 8
7 8
0

Haben Sie das Komma der ersten Zahl erreicht, setzen Sie das Komma im Ergebnis!

a) 21,48 : 6   d) 1 : 8
b) 403,7 : 11   e) 2 : 16
c) 25 : 4   f) 14,4 : 12

3 Rechnen Sie schriftlich bis zur 3. Stelle hinter dem Komma:

a) 4000 : 9   c) 1235 : 99   e) 5740,8 : 456,5
b) 1096 : 6   d) 1634,9 : 26,9   f) 1208 : 3145

Was fällt Ihnen bei den Ergebnissen von a), b) und c) auf?

Erscheint/erscheinen hinter dem Komma immer die gleiche oder die gleichen Ziffern, spricht man von einer Periode.

Die Ziffer/Ziffern wird/werden nicht endlos geschrieben, sondern über der Ziffer/den Ziffern wird ein waagerechter Strich angebracht.

Beispiele:

① 642,11111111... = 642,$\overline{1}$
(gesprochen: ... Komma Periode eins)

② 572,3232323232... = 572,$\overline{32}$
(gesprochen: ... Komma Periode drei zwei)

4 Rechnen Sie mit dem **TR**:

a) 2,877 : 0,03   c) 287,7 : 3   e) 345,67 : 6
b) 28,77 : 0,3   d) 2877 : 30   f) 34 567 : 600

Was fällt Ihnen auf?

Bei der Division ändert sich das Ergebnis nicht, wenn beide Zahlen mit ein und derselben Zahl multipliziert werden.

5 Rechnen Sie schriftlich:

> Machen Sie die zweite Zahl vor der schriftlichen Division zu einer ganzen Zahl. Dabei müssen die erste und die zweite Zahl mit derselben Zahl multipliziert werden.

Beispiele:

① 5,12 : 0,4 =
(5,12 · 10) : (0,4 · 10) =

$$51,2 : 4 = 12,8$$
$$\underline{4}$$
$$11$$
$$\underline{8}$$
$$32$$
$$\underline{32}$$
$$0$$

also 5,12 : 0,4 = 12,8

② 2,088 : 0,12 =
(2,088 · 100) : (0,12 · 100) =

$$208,8 : 12 = 17,4$$
$$\underline{12}$$
$$88$$
$$\underline{84}$$
$$48$$
$$\underline{48}$$
$$0$$

also 2,088 : 0,12 = 17,4

a) 8,25 : 2,5
b) 70,68 : 23,56
c) 108,06 : 0,06

d) 7,995 : 1,23
e) 454,96 : 3,76
f) 207 : 1,8

g) 16744 : 80,5
h) 31,557 : 3,14
i) 125 : 0,09

6 In einem Prospekt ist für einen Teppich die Gesamtzahl von 11 400 Knoten angegeben. In einer Reihe sind 92 Knoten zu knüpfen.

Wie viele Reihen müssen geknüpft werden?

Rechnen Sie mit dem TR!
Ist es sinnvoll, alle Ziffern in der Anzeige abzulesen?

7 Überschlagen Sie im Kopf und kontrollieren Sie anschließend Ihr Ergebnis mit dem TR:

Beispiel: 18,785 : 2,89 ≈ 18 : 3 = 6

[1][8][.][7][8][5][÷][2][.][8][9][=] [6.5]

a) 18,6 : 9,3
b) 95,7 : 2,8

c) 15,76 : 0,47
d) 0,12 : 3,6

e) 30,1 : 0,11
f) 89,77 : 3,14

8 Rechnen Sie mit dem TR und überprüfen Sie anschließend das Ergebnis durch Überschlag im Kopf:

Beispiel: 16,4566 : 2,14

[1][6][.][4][5][6][6][÷][2][.][1][4][=] [7.69]

16,4566 : 2,14 ≈ 16 : 2 = 8

a) 34,88 : 2,07
b) 25,14 : 4,98

c) 49,67 : 6,85
d) 30,8 : 0,3

e) 0,479 : 0,238
f) 0,0789 : 7,2

9 Rechnen Sie mit dem TR: 4 : 3; 10 : 6.
Sind die angezeigten Ergebnisse genau?

> Jeder TR muss gelegentlich runden. Deshalb sind die Ergebnisse beim Rechnen mit dem TR nicht immer genau.

10 In einer Kleiderfabrik werden aus einem Ballen Stoff 12 Kinderkleider zugeschnitten. Insgesamt sollen 210 Kinderkleider gefertigt werden.

Wie viele Ballen Stoff müssen bestellt werden?

11 Eine Gemeinschaft von 4 Erben teilt sich eine Erbe von 21 404,00 €.

Wie viel € erhält jeder?

12 Für eine Klasse müssen das Land und der Kreis 42 209,00 € im Schuljahr ausgeben.

Wie viel € kostet ein Schulplatz, wenn in einer Klasse 16 Schülerinnen sind?

13 Berechnen Sie, wie viel € jeweils 1 kg kostet.

a) 4,56 kg kosten   9,12 €.   d) 35,4 kg kosten 141,60 €.
b) 12,34 kg kosten   30,85 €.   e) 12,5 kg kosten   60,00 €.
c) 43,575 kg kosten 871,50 €.   f) 250 g   kosten   3,25 €.

Wir runden auf oder ab

Beachten Sie dabei:
Ist die **dritte** Ziffer hinter dem Komma 4, 3, 2, 1 oder 0, so wird nach der zweiten Stelle hinter dem Komma abgeschnitten.

Beispiel: 12,76͟47 wird gerundet zu 12,76.

Ist die **dritte** Ziffer hinter dem Komma 5, 6, 7, 8 oder 9, so wird die zweite Stelle hinter dem Komma um 1 erhöht und der Rest abgeschnitten.

Beispiele: ① 45,65͟53 wird gerundet zu 45,66.
                 ② 3,49͟6 wird gerundet zu 3,50.

Ab 5 aufrunden, unter 5 abrunden.

Berechnen Sie, wie viel Euro 1 kg kostet.

Beispiel: 2,5 kg kosten 3,24 €;
                Rechnung: ③.②④÷②.⑤= [1.296]
                Antwort: 1 kg kostet 1,30 €.

14 Runden Sie in dieser Aufgabe auf Cent genau!
Wie viel Euro kostet jeweils 1 kg?

a)   0,058 kg kosten   3,40 €.   d) 49,486 kg kosten   2 721,40 €.
b)   6,560 kg kosten   9,17 €.   e) 123,656 kg kosten 12 356,60 €.
c)   24,550 kg kosten   1 911,00 €.   f)   125 g   kosten   4,99 €.

15 Berechnen Sie immer den Preis pro Liter.

a)   10 l kosten   8,97 €.   f)   100 l   kosten   455,06 €.
b)   10 l kosten   9,37 €.   g)   1000 l   kosten   240,00 €.
c)   100 l kosten   75,46 €.   h) 10 000 l   kosten   1678,76 €.
d) 1000 l kosten   239,87 €.   i)   100 ml kosten   45,06 €.
e)   10 l kosten   5,22 €.   j) 10 000 l   kosten   465,08 €.

16 An eine Bluse (49 cm lang) sollen 6 Knöpfe gleichmäßig verteilt angenäht werden (siehe Abb.).

Wie groß muss der Knopfabstand sein?

17 Elke und Martin suchen sich eine neue Wohnung. Sie haben folgende Angebote:

Wohnung A (52 m²) kostet 312,00 €
Wohnung B (64 m²) kostet 426,00 €
Wohnung C (48 m²) kostet 264,00 €
Wohnung D (68 m²) kostet 510,00 €

a) Berechnen Sie jeweils den m²-Preis.
b) Welche Wohnung ist am günstigsten?

18 Übertragen Sie die Tabelle auf ein Blatt und füllen Sie die Lücken aus:

Einzelpreis	10 Stück	100 Stück	1000 Stück	10 000 Stück
345,78 €	?	?	?	?
?	?	?	?	3456,90 €
?	4,56 €	?	?	?
?	?	69,06 €	?	?
?	?	?	698,40 €	?
1000,08 €	?	?	?	?
?	45,02 €	?	?	?

19

Ein Auszubildender hat jeden Monat das gesparte Geld auf sein Sparkassenbuch eingezahlt. Nach einem Jahr hat sich ohne Zinsen ein Betrag von 1008,00 € angesammelt.

Wie viel € hat er im Durchschnitt jeden Monat eingezahlt?

20 Eine Friseurin verdient monatlich 1232,00 € netto.

Berechnen Sie ihren Wochenlohn (4 Wochen), den Tageslohn (22 Arbeitstage) und den Stundenlohn (160 Stunden).

21 Sie finden in einem Gartenkatalog nebenstehendes Inserat.

Welche Packung ist preislich günstiger?

Wühlmaus-Kegel

Der 100%ige Schutz vor Wühlmäusen

4-Stück-Packung nur **10,20** €

8-Stück-Packung nur **19,20** €

22

Ein Pflanzbeet soll mit Kopfsalat bepflanzt werden. 2 Reihen sind je auf einer Länge von 2,80 m zu bepflanzen (Abstand der Pflanzen 30 cm).

Wie viele Pflanzen werden benötigt?

23

In einem Beutel sind 2,5 kg Steckschalotten.
1 kg Steckschalotten sind etwa 400 Stück.
Für ein 1 m² großes Pflanzbeet braucht man 75 Stück.

Wie viel m² des Gartens können bepflanzt werden?

24

Ein Pflanzgarten ist 9,50 m lang. Es sollen Beete mit einer Breite von 1,20 m und einer Wegbreite von 0,30 m angelegt werden.

Wie viele Beete können angelegt werden?

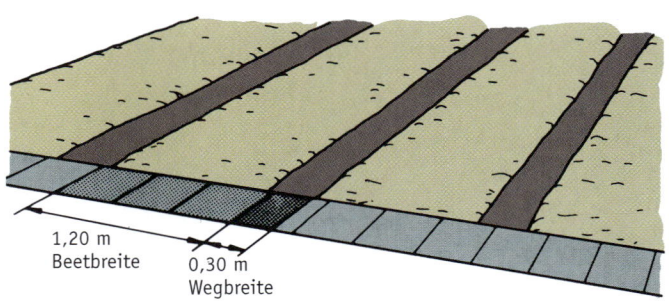

1,20 m
Beetbreite

0,30 m
Wegbreite

6. Multiplikation und Division in Beruf und Alltag

Bevor Sie weitere Anwendungsaufgaben bearbeiten, sollten Sie sich mit Ihrem eigenen TR noch näher vertraut machen. Dabei geht es insbesondere um das Rechnen mit Klammern bzw. um die Möglichkeit, eventuell auf Klammern verzichten zu können.

Übungen zum Rechnen mit Klammern

1 a) $(840 : 15) : 8$

Tastenfolge: $\boxed{8}\boxed{4}\boxed{0}\boxed{\div}\boxed{1}\boxed{5}\boxed{\div}\boxed{8}\boxed{=}$

(Auch bei einem TR mit Klammertasten $\boxed{(}\boxed{)}$ brauchen bei dieser Aufgabe keine Klammern gesetzt zu werden, da der TR von links nach rechts fortlaufend rechnet.)

b) $840 : (15 : 8) = 840 : 1{,}875 = \color{red}{?}$

　　　　　　$\underbrace{\qquad}$
　　　　　　1,875

Vergleichen Sie mit a).

2 $324 - (109 + 26) = 324 - 135 = \color{red}{?}$

　　　　　　$\underbrace{\qquad}$
　　　　　　135

> Immer erst die Rechnungen in den Klammern ausführen!

Tastenfolge: $\boxed{1}\boxed{0}\boxed{9}\boxed{+}\boxed{2}\boxed{6}\boxed{=}\boxed{\qquad 135}$

$\boxed{3}\boxed{2}\boxed{4}\boxed{-}\boxed{1}\boxed{3}\boxed{5}\boxed{=}$

Hinweis: Bei TR **mit** Klammertasten kann man so eintippen:

$\boxed{3}\boxed{2}\boxed{4}\boxed{-}\boxed{(}\boxed{1}\boxed{0}\boxed{9}\boxed{+}\boxed{2}\boxed{6}\boxed{)}\boxed{=}$

3 Rechnen Sie im Kopf: $19 - 9 \cdot 2$

Beachten Sie folgende Vereinbarung in der Mathematik:

> Punktrechnung geht vor Strichrechnung!

Tippen Sie auf Ihrem TR: $\boxed{1}\boxed{9}\boxed{-}\boxed{9}\boxed{\times}\boxed{2}\boxed{=}$

Erscheint in der Anzeige nicht die richtige Lösung $\boxed{1}$, sondern $\boxed{20}$, wurde vom TR so gerechnet: $(19 - 9) \cdot 2 = 20$.

Ihr TR berücksichtigt dann also nicht die übliche Vereinbarung, dass Punktrechnung ($\cdot$ oder $:$) vor Strichrechnung ($+$ oder $-$) geht. In diesem Falle Klammern verwenden!

4 Rechnen Sie folgende Aufgaben.
Wo müssen die Klammern gesetzt werden?

a) $75 - 90 : 3$　　　　　c) $25 \cdot 3 - 68$　　　　　e) $97 + 3 \cdot 12$
b) $90 + 28 : 7$　　　　　d) $125 : 5 + 75$　　　　　f) $26 : 6{,}5 - 3{,}5$

5 a) $(75 - 25) \cdot (12 + 8)$
b) $(288 - 97) \cdot (624 + 76)$
c) $36 : 9 - 75 : 25$
d) $(938 + 76) : (28 - 16)$

e ★ $400 : 5 + 60 : 4 - (32 - 17) - (16 + 15)$

f ★ $13 \cdot 15 + 105 : 15 - (26 - 13) - (17 + 6)$

Rechnen in Beruf und Alltag

6 Sie kaufen für Ihre Firma Schrägband ein. Ein Meter kostet 0,28 €. Sie holen zunächst 25 m. Dies reicht jedoch nicht aus. Sie holen noch 18 m. Und beim nächsten Mal holen Sie sogar 49 m. Der Chef erhält die Rechnung. Die Lieferfirma gibt 0,76 € Nachlass.

Wie hoch ist der Barzahlungspreis?

7 Unsere Klasse will einen Schulausflug machen. Mit dem Bus werden auf der Hinfahrt 165 km, auf der Rückfahrt 188 km gefahren. Jeder km kostet 1,28 €.

Wie viel muss die Klasse insgesamt an den Busunternehmer zahlen?
Wie viel muss jeder einzelne bezahlen, wenn 22 Schülerinnen und 2 Lehrer mitfahren?

8 Auf einem Sportplatz waren am Sonntag 789 Zuschauer anwesend. Jeder Zuschauer zahlte 12,75 € Eintrittsgeld. Der Kassierer erhielt für seine Arbeit 75 €.

Welchen Betrag konnte der Verein einnehmen?

9 Für das Fach „Textiles Gestalten" wurden folgende Anschaffungen gemacht:
25 Scheren (Einzelpreis: 7,80 €), 6 Zuschneidescheren (Einzelpreis: 9,25 €), 13 Kopierrädchen (Einzelpreis: 1,45 €), 28 Bandmaße (Einzelpreis: 1,99 €) und 18 Nahttrenner (Einzelpreis: 1,75 €). Bewilligt wurden zunächst 800,00 €. Es sollen noch 4 Nähmaschinen (Einzelpreis: 205,00 €) beschafft werden.

Welchen Betrag muss die Schule noch anfordern?

10
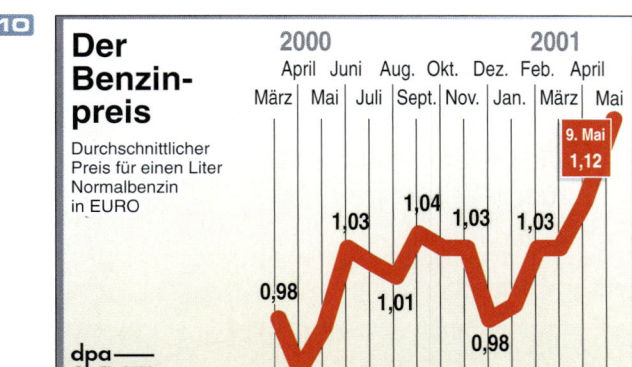

Frau Kluge fährt täglich 75 km zur Arbeit (Hin- und Rückfahrt zusammen). Ihr Mann fährt täglich 84 km. Beide arbeiten 5 Tage pro Woche.

Berechnen Sie, wie viel € jeder im März 2000 und im Mai 2001 für die Fahrten ausgeben musste, wenn Frau Kluge 5 l je 100 km und Herr Kluge 7,5 l je 100 km benötigt.

11
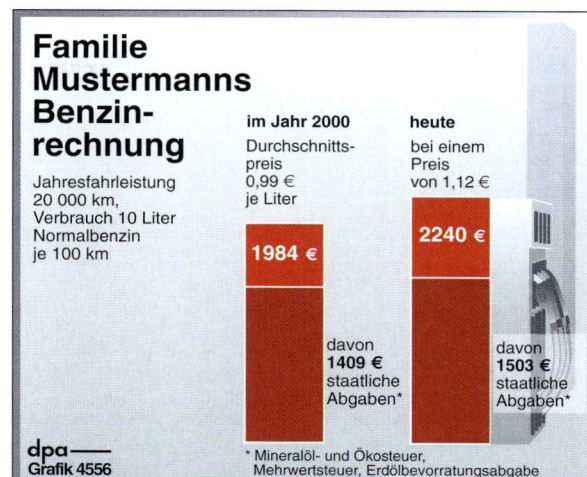

Berechnen Sie die monatlichen Benzinkosten der Familie Mustermann im Jahr 2000 und heute.

Berechnen Sie den monatlichen Betrag der staatlichen Abgaben im Jahr 2000 und heute.

12 Der Kostenbeitrag eines Schülers für unsere Klassenfahrt muss berechnet werden.

a) Im Vorjahr wurden folgende Beträge ausgegeben:
Jugendherberge   422,80 €
Bahnfahrt   185,00 €
Besichtigungen   150,00 €.
Es nahmen 13 Schüler an der Fahrt teil.
Berechnen Sie den Anteil für einen Schüler.

b) Die Fahrtkosten erhöhen sich pro Schüler um 2,50 € und die Kosten in der Jugendherberge um 1,05 € täglich. Wir wollen fünf Tage in der Jugendherberge bleiben.
Welchen Kostenbeitrag muss jeder aufbringen?

c) Wie viel Geld ist in der Klassenkasse, wenn von 16 teilnehmenden Schülern das Geld eingesammelt wurde?

13 Aus einer Stromrechnung geht hervor, dass 1737 kWh in einem Jahr verbraucht wurden.
Der Preis für eine kWh beträgt 9 Cent. Es wird ein Grundpreis von 95,00 € erhoben.

Wie viel € muss der Kunde in diesem Jahr ohne Ausgleichsabgabe und Umsatzsteuer an das Elektrizitätswerk zahlen?

7. Wir rechnen mit Brüchen

Götterspeise
Waldmeister-Geschmack
Götterspeisepulver
für 0,5 l ($^1/_2$ l) Wasser
Von Ihnen noch hinzuzufügen:
100 g = 6 gehäufte Essl. Zucker,
oder (1 $^1/_2$ Teel. Süßstoff flüssig),
$^1/_2$ l Wasser

Garniervorschlag

Zubereitung:

1 Das Wasser zum Kochen bringen und vom Herd nehmen.

2 Den Inhalt der Packung mit 6 gehäuften Esslöffeln Zucker gemischt (oder Süßstoff flüssig dem Wasser hinzufügen) in das heiße Wasser geben und und mit einem Schneebesen rühren, bis alles aufgelöst ist. Nicht kochen!

3 Die nun fertige Götterspeise etwas abkühlen lassen, dann in eine mit kaltem Wasser ausgespülte Form oder Förmchen füllen und mehrere Stunden in den Kühlschrank stellen, bis sie fest geworden ist.

Wird eine schnellere Erstarrungszeit gewünscht, dann den Packungsinhalt in $^1/_4$ l heißem Wasser lösen und $^1/_4$ l kaltes Wasser oder Eiswasser hinzugeben.

Monika bereitet eine Götterspeise nach nebenstehendem Rezept zu.

Sie findet in den Anweisungen zur Zubereitung Maße wie:

0,5 l ($^1/_2$ l), gesprochen: „ein halber Liter"

oder $^1/_4$ l, gesprochen: „ein viertel Liter".

Was bedeuten die Zahlen $\frac{1}{2}$ und $\frac{1}{4}$?

Die Zahlen $^1/_2$ oder $\frac{1}{2}$, $^1/_4$ oder $\frac{1}{4}$ nennt man Brüche.

$\frac{1}{2}$ ist lediglich eine andere Schreibweise für
$1 : 2 = 0,5$.

Der Bruchstrich — ersetzt das Divisionszeichen :

Beim Bruch $\frac{1}{2}$ heißt 1 der Zähler, 2 der Nenner.

$$\frac{1}{2}$$
→ Zähler
→ Bruchstrich
→ Nenner

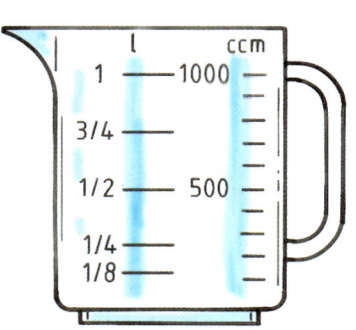

1 Monika misst im Litermaß ab.

Zeichnen Sie die Skala eines Litermaßes in Ihr Heft und markieren Sie das Maß

a) $^3/_4$ l   d) $^3/_8$ l
b) $^2/_4$ l   e) $^4/_4$ l
c) $^2/_8$ l   f) $^4/_8$ l

2 Monika hat in ihrem Litermaß
a) $^1/_2$ l. Sie gibt $^1/_4$ l dazu.
b) $^1/_8$ l. Sie gibt $^1/_8$ l dazu.
c) $^3/_4$ l. Sie gibt $^1/_4$ l dazu.
d) $^1/_2$ l. Sie gibt $^1/_8$ l dazu.
e) $^1/_2$ l. Sie gibt $^3/_4$ l dazu.

Zeichnen Sie jeweils ein Litermaß mit einer Skala. Malen Sie die erste Menge blau, die zweite rot aus!

Wie viel l erhalten Sie jeweils insgesamt? Was stellen Sie bei e) fest?

3 Zeichnen Sie jeweils einen Kreis und schraffieren Sie:

a) $\frac{1}{4}$ e) $\frac{3}{12}$

b) $\frac{3}{4}$ f) $\frac{3}{8}$

c) $\frac{1}{8}$ g) $\frac{1}{6}$

d) $\frac{1}{12}$ h) $\frac{5}{6}$

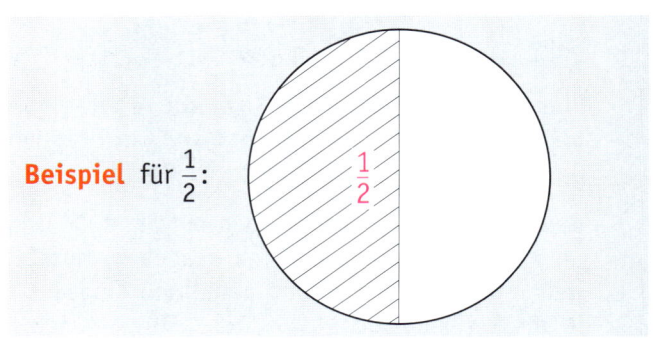

Beispiel für $\frac{1}{2}$:

Brüche werden miteinander **multipliziert**, indem man Zähler mit Zähler und Nenner mit Nenner multipliziert.

Beispiele:

① $\dfrac{1}{4} \cdot \dfrac{3}{5} = \dfrac{1 \cdot 3}{4 \cdot 5} = \dfrac{3}{20}$

② $\dfrac{1}{3} \cdot 5 = \dfrac{1}{3} \cdot \dfrac{5}{1} = \dfrac{1 \cdot 5}{3 \cdot 1} = \dfrac{5}{3}$

③ $\dfrac{3}{4} \cdot \dfrac{2}{9} = \dfrac{\overset{1}{3} \cdot 2}{4 \cdot \underset{3}{9}} = \dfrac{1 \cdot \overset{1}{2}}{\underset{2}{4} \cdot 3} = \dfrac{1 \cdot 1}{2 \cdot 3} = \dfrac{1}{6}$

Wenn möglich, kürzen! Beim Kürzen werden Zähler und Nenner durch die gleiche Zahl dividiert.

4 Rechnen Sie:

a) $\dfrac{1}{3} \cdot \dfrac{4}{5}$ f) $\dfrac{1}{2} \cdot \dfrac{1}{2}$ k) $\dfrac{24}{5} \cdot \dfrac{5}{6}$ p) $\dfrac{1}{2} \cdot \dfrac{1}{3}$

b) $\dfrac{1}{6} \cdot \dfrac{3}{5}$ g) $\dfrac{1}{3} \cdot \dfrac{1}{3}$ l) $\dfrac{17}{9} \cdot \dfrac{3}{4}$ q) $\dfrac{1}{2} \cdot \dfrac{2}{3}$

c) $\dfrac{1}{9} \cdot \dfrac{3}{7}$ h) $\dfrac{1}{5} \cdot \dfrac{1}{5}$ m) $\dfrac{12}{7} \cdot \dfrac{14}{6}$ r) $\dfrac{1}{2} \cdot \dfrac{1}{4}$

d) $\dfrac{2}{3} \cdot \dfrac{9}{8}$ i) $\dfrac{9}{9} \cdot \dfrac{5}{6}$ n) $\dfrac{3}{10} \cdot \dfrac{7}{10}$ s) $\dfrac{5}{7} \cdot \dfrac{2}{12}$

e) $\dfrac{3}{6} \cdot \dfrac{4}{8}$ j) $\dfrac{12}{8} \cdot \dfrac{8}{6}$ o) $\dfrac{5}{10} \cdot 2\dfrac{1}{2}$ t) $\dfrac{17}{14} \cdot \dfrac{28}{7}$

5 Angela Schneider macht eine Eignungsprüfung im Kaufhaus Sani. Sie soll die folgenden Brüche als Dezimalzahlen schreiben. Können Sie es?

Beispiele: ① $\dfrac{7}{4} = 7 : 4 = 1{,}75$ ② $1\dfrac{1}{2} = \dfrac{3}{2} = 3 : 2 = 1{,}5$

$\dfrac{1}{2}$	$\dfrac{5}{2}$	$\dfrac{7}{2}$	$6\dfrac{1}{2}$	$7\dfrac{1}{2}$	$10\dfrac{1}{2}$	$\dfrac{1}{4}$	$\dfrac{3}{4}$	$\dfrac{5}{4}$	$\dfrac{9}{4}$	$\dfrac{31}{4}$	$\dfrac{5}{12}$	$\dfrac{8}{12}$
$5\dfrac{1}{4}$	$7\dfrac{3}{4}$	$8\dfrac{1}{4}$	$\dfrac{1}{8}$	$\dfrac{3}{8}$	$\dfrac{5}{8}$	$\dfrac{7}{8}$	$\dfrac{8}{8}$	$\dfrac{12}{8}$	$\dfrac{16}{8}$	$\dfrac{20}{8}$	$\dfrac{9}{16}$	$\dfrac{1}{16}$
$\dfrac{7}{10}$	$3\dfrac{4}{10}$	$\dfrac{18}{10}$	$\dfrac{69}{10}$	$\dfrac{3}{100}$	$\dfrac{17}{100}$	$\dfrac{4}{5}$	$\dfrac{6}{5}$	$\dfrac{2}{5}$	$\dfrac{7}{5}$	$\dfrac{12}{5}$	$\dfrac{19}{5}$	$2\dfrac{1}{5}$

6 Ein Kundenwunsch in einer Fleischerei lautet häufig: „$\dfrac{1}{2}$ kg Hackfleisch".

Die Verkäuferin muss schnell in g umrechnen können.

Schreiben Sie die folgende Tabelle auf ein Blatt und füllen Sie diese aus (1 kg = 1000 g).

kg	$\dfrac{1}{2}$	$\dfrac{1}{4}$	$\dfrac{1}{8}$	$\dfrac{3}{4}$	$\dfrac{3}{8}$	$\dfrac{5}{8}$	$1\dfrac{1}{2}$	$2\dfrac{1}{4}$	$3\dfrac{3}{4}$	$\dfrac{9}{8}$
g	?	?	?	?	?	?	?	?	?	?

Monika soll $\frac{1}{2}$ kg Butter in $\frac{1}{8}$ kg-Stücke zerteilen. Wie viele Stücke erhält sie?　　Sie überlegt: $\frac{1}{2} : \frac{1}{8} = ?$

Sie erinnert sich, wie Brüche dividiert werden:　　$\frac{1}{8} \diagup\kern-1.2em\diagdown \frac{8}{1}$ ⟶ Kehrwert von $\frac{1}{8}$

Monika **multipliziert** $\frac{1}{2}$ mit dem Kehrwert von $\frac{1}{8}$, also mit $\frac{8}{1}$.　　$\frac{1}{2} \cdot \frac{8}{1} = \frac{8}{2} = 4$.

Monika erhält 4 Stücke Butter zu $\frac{1}{8}$ kg.

(Andere Lösung: $\frac{1}{2}$ kg $= \frac{4}{8}$ kg $= 4 \cdot \frac{1}{8}$ kg.)

> Zwei Brüche werden dividiert, indem man den ersten Bruch mit dem Kehrwert des zweiten Bruches multipliziert.

Beispiele:　① $\frac{3}{4} : \frac{3}{2} = \frac{3}{4} \cdot \frac{2}{3} = \frac{\overset{1}{3} \cdot 2}{4 \cdot \underset{1}{3}} = \frac{2}{4} = \frac{1}{2}$　　② $\frac{2}{5} : \frac{4}{7} = \frac{2}{5} \cdot \frac{7}{4} = \frac{\overset{1}{2} \cdot 7}{5 \cdot \underset{2}{4}} = \frac{7}{10}$

　　③ $\frac{7}{8} : 5 = \frac{7}{8} : \frac{5}{1} = \frac{7}{8} \cdot \frac{1}{5} = \frac{7 \cdot 1}{8 \cdot 5} = \frac{7}{40}$

7 Rechnen Sie. Möglichst kürzen.

a) $\frac{3}{2} : \frac{3}{4}$　　c) $5 : \frac{7}{8}$　　e) $\frac{7}{5} : \frac{3}{5}$　　g) $\frac{5}{8} : \frac{3}{8}$　　i) $\frac{2}{5} : \frac{2}{10}$

b) $\frac{4}{7} : \frac{2}{5}$　　d) $\frac{9}{8} : 5$　　f) $\frac{2}{3} : \frac{4}{3}$　　h) $\frac{8}{9} : \frac{8}{3}$　　j) $\frac{7}{3} : \frac{9}{6}$

Brüche mit demselben Nenner nennt man auch „gleichnamige Brüche".

Beispiel:　$\frac{1}{3}, \frac{5}{3}, \frac{7}{3}$ sind gleichnamige Brüche, da sie alle denselben Nenner (hier 3) haben.

> **Gleichnamige Brüche** werden **addiert** bzw. **subtrahiert,** indem die Zähler addiert bzw. subtrahiert werden und der Nenner beibehalten wird.

Beispiele:　① $\frac{3}{8} + \frac{2}{8} = \frac{3+2}{8} = \frac{5}{8}$　　② $\frac{6}{7} - \frac{3}{7} = \frac{6-3}{7} = \frac{3}{7}$　　③ $\frac{3}{2} + \frac{5}{2} = \frac{3+5}{2} = \frac{8}{2} = 4$

8 Addieren und subtrahieren Sie.

a) $\frac{1}{2} + \frac{3}{2}$　　c) $\frac{3}{4} + \frac{5}{4}$　　e) $\frac{7}{6} - \frac{5}{6}$　　g) $\frac{3}{8} - \frac{1}{8} + \frac{5}{8}$　　i) $2\frac{1}{2} - \frac{3}{2}$

b) $\frac{7}{3} + \frac{1}{3}$　　d) $\frac{4}{5} + \frac{3}{5}$　　f) $\frac{8}{7} - \frac{5}{7}$　　h) $1\frac{1}{2} + \frac{3}{2}$　　j) $1\frac{1}{4} - \frac{3}{4}$

> Sollen Brüche, die nicht gleichnamig sind, addiert oder subtrahiert werden, so müssen sie zunächst gleichnamig gemacht werden.

Beispiele:　① $\frac{1}{2} + \frac{1}{3} = \frac{1}{2} \cdot \frac{3}{3} + \frac{1}{3} \cdot \frac{2}{2} = \frac{1 \cdot 3}{2 \cdot 3} + \frac{1 \cdot 2}{3 \cdot 2} = \frac{3}{6} + \frac{2}{6} = \frac{3+2}{6} = \frac{5}{6}$

　　② $\frac{1}{2} + \frac{5}{6} = \frac{1}{2} \cdot \frac{3}{3} + \frac{5}{6} = \frac{1 \cdot 3}{2 \cdot 3} + \frac{5}{6} = \frac{3}{6} + \frac{5}{6} = \frac{3+5}{6} = \frac{8}{6} = \frac{4}{3} = 1\frac{1}{3}$

9 Addieren oder subtrahieren Sie.

a) $\frac{3}{4} + \frac{1}{5}$; $\frac{2}{3} + \frac{1}{4}$; $\frac{1}{5} + \frac{1}{6}$; $\frac{1}{2} + \frac{1}{4}$; $\frac{1}{3} + \frac{1}{6}$; $\frac{2}{3} + \frac{5}{6}$; $\frac{4}{5} - \frac{1}{2}$; $\frac{3}{4} - \frac{1}{3}$; $\frac{7}{8} - \frac{6}{7}$; $\frac{2}{9} - \frac{5}{6}$.

b) $1\frac{3}{4}$ h $+ \frac{1}{2}$ h $+ \frac{1}{4}$ h;　　$2\frac{1}{2}$ h $- \frac{3}{4}$ h;　　$8\frac{1}{2}$ h $- 4\frac{3}{4}$ h;　　$3\frac{1}{4}$ h $- 1\frac{1}{2}$ h;　　$7\frac{1}{2}$ h $- 1\frac{1}{4}$ h.

8. Wie berechne ich meinen Lohn?

Bruttolohn

160 · 8,00 € =

1 280,00 €

Die monatlichen Arbeitsstunden werden mit dem Stundenlohn multipliziert.

– Steuern

Lohnsteuer und Solidaritätszuschlag

– 68,48 €

Die Lohnsteuer wird aus einer Tabelle abgelesen. Zzt. wird zusätzlich ein Solidaritätszuschlag erhoben.

Kirchensteuer

– 5,84 €

Die Kirchensteuer wird auch aus einer Tabelle abgelesen.

– Sozialversicherung

Beiträge an:
LVA (über AOK)
AOK/Pflegekasse
Arbeitsamt
(über AOK)

– 268,80 €

Versicherungsarten:
RV (Rentenvers.)
KV (Krankenvers.)
AV (Arbeitslosenvers.)
PV (Pflegevers.)

= Nettolohn

= 936,88 €

Diesen Lohn erhält man ausbezahlt.

1 Herr Huber hat die Lohnabrechnungen eines Jahres vor sich liegen.

Was hat er in diesem Jahr verdient? Wie hoch waren seine Abzüge?

Name	Monat	Std.	Std.-lohn	Sozial-abzüge	Lohn-steuer	Kirchen-steuer	Abzüge gesamt	Brutto-lohn	Netto-lohn
Huber, Karl	März	158	7,57	251,17	50,46	4,31	305,94	1196,06	?

Name	Monat	Std.	Std.-lohn	Sozial-abzüge	Lohn-steuer	Kirchen-steuer	Abzüge gesamt	Brutto-lohn	Netto-lohn
Huber, Karl	Mai	161	7,57	255,94	54,33	4,64	314,91	1218,77	?

Name	Monat	Std.	Std.-lohn	Sozial-abzüge	Lohn-steuer	Kirchen-steuer	Abzüge gesamt	Brutto-lohn	Netto-lohn
Huber, Karl	Dez.	136	7,63	217,91	18,63	1,59	238,13	1037,68	?

Name	Monat	Std.	Std.-lohn	Sozial-abzüge	Lohn-steuer	Kirchen-steuer	Abzüge gesamt	Brutto-lohn	Netto-lohn
Huber, Karl	Sept.	124	7,63	198,69	5,62	0,48	204,79	946,12	?

Name	Monat	Std.	Std.-lohn	Sozial-abzüge	Lohn-steuer	Kirchen-steuer	Abzüge gesamt	Brutto-lohn	Netto-lohn
Huber, Karl	Juni	168	7,57	267,07	66,37	5,66	339,10	1271,76	?

Name	Monat	Std.	Std.-lohn	Sozial-abzüge	Lohn-steuer	Kirchen-steuer	Abzüge gesamt	Brutto-lohn	Netto-lohn
Huber, Karl	Febr.	135	7,57	214,61	15,56	1,33	231,50	1021,95	?

Name	Monat	Std.	Std.-lohn	Sozial-abzüge	Lohn-steuer	Kirchen-steuer	Abzüge gesamt	Brutto-lohn	Netto-lohn
Huber, Karl	Aug.	148	7,57	235,28	33,84	2,89	272,01	1120,36	?

Name	Monat	Std.	Std.-lohn	Sozial-abzüge	Lohn-steuer	Kirchen-steuer	Abzüge gesamt	Brutto-lohn	Netto-lohn
Huber, Karl	Nov.	144	7,63	230,73	30,33	2,59	263,65	1098,72	?

Name	Monat	Std.	Std.-lohn	Sozial-abzüge	Lohn-steuer	Kirchen-steuer	Abzüge gesamt	Brutto-lohn	Netto-lohn
Huber, Karl	April	139	7,57	220,97	21,89	1,87	244,73	1052,23	?

Name	Monat	Std.	Std.-lohn	Sozial-abzüge	Lohn-steuer	Kirchen-steuer	Abzüge gesamt	Brutto-lohn	Netto-lohn
Huber, Karl	Okt.	165	7,63	264,38	64,36	5,49	334,23	1258,95	?

Name	Monat	Std.	Std.-lohn	Sozial-abzüge	Lohn-steuer	Kirchen-steuer	Abzüge gesamt	Brutto-lohn	Netto-lohn
Huber, Karl	Juli	152	7,57	241,63	41,05	3,50	286,18	1150,64	?

Name	Monat	Std.	Std.-lohn	Sozial-abzüge	Lohn-steuer	Kirchen-steuer	Abzüge gesamt	Brutto-lohn	Netto-lohn
Huber, Karl	Jan.	157	7,57	249,58	48,53	4,14	302,25	1188,49	?

Fertigen Sie sich eine Tabelle nach folgendem Muster an und füllen Sie diese aus.

Monat	Bruttolohn €	Abzüge €	Nettolohn €
Januar	1188,49	302,25	?
Februar	1021,95	231,50	?

2 Karl Huber hat einen Stundenlohn von 7,77 €. Im Monat November hat er an 23 Tagen gearbeitet. Jeder Arbeitstag wird ihm mit 7,5 Std. berechnet.

An Sozialversicherungsbeiträgen zahlte er:

Krankenversicherung	95,83 €;
Rentenversicherung	130,68 €;
Arbeitslosenversicherung	43,56 €;
Pflegeversicherung	11,39 €.

Die Lohnsteuer beträgt 79,58 €, der Solidaritätszuschlag 4,38 € und die Kirchensteuer 7,16 €.

Zeichnen Sie eine Tabelle, tragen Sie alle Angaben ein und berechnen Sie den Brutto- und Nettolohn.

3

Name	Monat	Std.	Std.-Lohn	Sozialabzüge	Lohnsteuer
?	?	?	?	?	?

Kirchensteuer	Abzüge gesamt	Bruttolohn	Nettolohn	Abschlag	Auszuzahlender Betrag
?	?	?	?	?	?

Zeichnen Sie einen Lohnstreifen, wie Sie ihn oben sehen, auf ein Blatt. Tragen Sie Ihre Angaben und Ihren Verdienst ein.

a) Sie haben im Monat Februar 20 Tage (7,5 Stunden täglich) zu einem Stundenlohn von 7,87 € gearbeitet.

Ihre Sozialversicherungsbeiträge und Steuern:
Krankenversicherung 84,41 €
Rentenversicherung 115,10 €
Arbeitslosenversicherung 38,37 €
Pflegeversicherung 10,03 €
Lohnsteuer 44,16 €
Solidaritätszuschlag 2,43 €
Kirchensteuer 3,97 €

b) Sie haben im Monat September 21 Tage (7,5 Stunden täglich) zu einem Stundenlohn von 8,14 € gearbeitet.

Ihre Sozialversicherungsbeiträge und Steuern:
Krankenversicherung 91,67 €
Rentenversicherung 125,00 €
Arbeitslosenversicherung 41,67 €
Pflegeversicherung 10,90 €
Lohnsteuer 64,91 €
Solidaritätszuschlag 3,57 €
Kirchensteuer 5,84 €

Sie haben sich einen Vorschuss von 160,00 € auf Ihren Lohn geholt; tragen Sie den Vorschuss im Lohnstreifen unter Abschlag ein.

4 Zeichnen Sie selbst drei Lohnstreifen, und tragen Sie ein.

Herr Meier   Monat: November
Std. 149
Std.-Lohn 8,63 €
Rentenvers. 125,37 €
Krankenvers. 91,94 €
Arbeitslosenvers. 41,79 €
Pflegevers. 10,93 €
Lohnsteuer 66,91 €
Solidaritätszuschlag 3,68 €
Kirchensteuer 6,02 €

Herr Richter   Monat: Sept.
Std. 158
Std.-Lohn 9,33 €
Rentenvers. 143,73 €
Krankenvers. 105,40 €
Arbeitslosenvers. 47,91 €
Pflegevers. 12,53 €
Lohnsteuer 117,66 €
Solidaritätszuschlag 6,47 €
Kirchensteuer 10,59 €

Frau Schmidt   Monat: Januar
Std. 160
Std.-Lohn 8,54 €
Rentenvers. 133,22 €
Krankenvers. 97,70 €
Arbeitslosenvers. 44,41 €
Pflegevers. 11,61 €
Lohnsteuer 87,08 €
Solidaritätszuschlag 4,79 €
Kirchensteuer 7,84 €

9. Maße und Gewichte im Haushalt

1 Nennen Sie Dinge, deren Gewicht in g, in kg oder in t angegeben werden.

t	Tonne
kg	Kilogramm
g	Gramm
l	Liter
ml	Milliliter
ccm	Kubikzentimeter

1 kg = 1000 g
1 l = 1000 ml = 1000 ccm

2 Übertragen Sie die nebenstehende Tabelle in Ihr Heft und tragen Sie die von Ihnen geschätzten Gewichte ein.
Überprüfen Sie, soweit möglich, Ihre Schätzungen.

Gegenstand/Lebensmittel	Gewicht
1 Kochtopf	?
1 Essteller	?
1 Messer	?
1 Handrührgerät	?
3 Äpfel	?
1 Banane	?
1 Paket Zucker	?
1 Tafel Schokolade	?
1 leere Limonadenflasche	?
1 volle Limonadenflasche	?

Tim möchte einen Rührkuchen backen. Dazu benötigt er folgende Zutaten:

250 g Fett
200 g Zucker
3 Eier
$\frac{1}{8}$ l Milch
2 EL (Esslöffel) Rum
500 g Mehl
1 Päckchen Backpulver

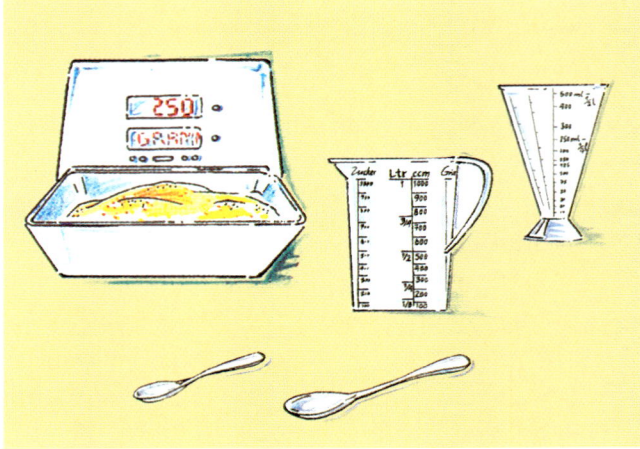

Zum Abwiegen bzw. Abmessen benötigt Tim verschiedene Geräte:
Fett, Zucker und Mehl wiegt er auf einer Haushaltswaage ab. Er könnte diese Zutaten auch im Messbecher abmessen.
Milch misst er im Messbecher ab, Rum mit einem Esslöffel.

3 Für eine helle Grundsuppe benötigt man 30 g Fett und 40 g Mehl.

Wie viel EL Fett und Mehl muss man nehmen?

4 Wie viel EL sind?

48 g Speisestärke
50 g Mehl
30 g Zucker
24 g Öl
30 g Kakao
40 g Backpulver
40 g geriebene Semmel
60 g Fett

5 Wie viel TL sind?

12 g Backpulver
25 g Zucker
10 g Kakao
15 g geriebene Semmel

Für kleine Mengen benötigt man im Haushalt **Löffelmaße:**

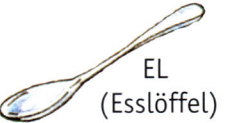 EL (Esslöffel)  TL (Teelöffel)

Produkt	1 EL (gestrichen) Gewicht etwa	1 TL (gestrichen) Gewicht etwa
Backpulver	10 g	3 g
Fett, fest	15 g	5 g
Kakao	6 g	2 g
Mehl	10 g	3 g
Öl	12 g	3 g
Semmel, gerieben	8 g	3 g
Speisestärke	8 g	2 g
Zucker	15 g	5 g

6 Es gibt verschiedene Haushaltswaagen. Sie haben unterschiedliche Skalen. Unten sind die gebräuchlichsten abgebildet.

a) Geben Sie für jede Skala A, B und C an, wie viel g der Abstand von einem Teilstrich zum nächsten entspricht.

b) Lesen Sie an den Skalen für jeden Pfeil a), b), c), d) usw. die jeweils angegebenen Grammzahlen ab.

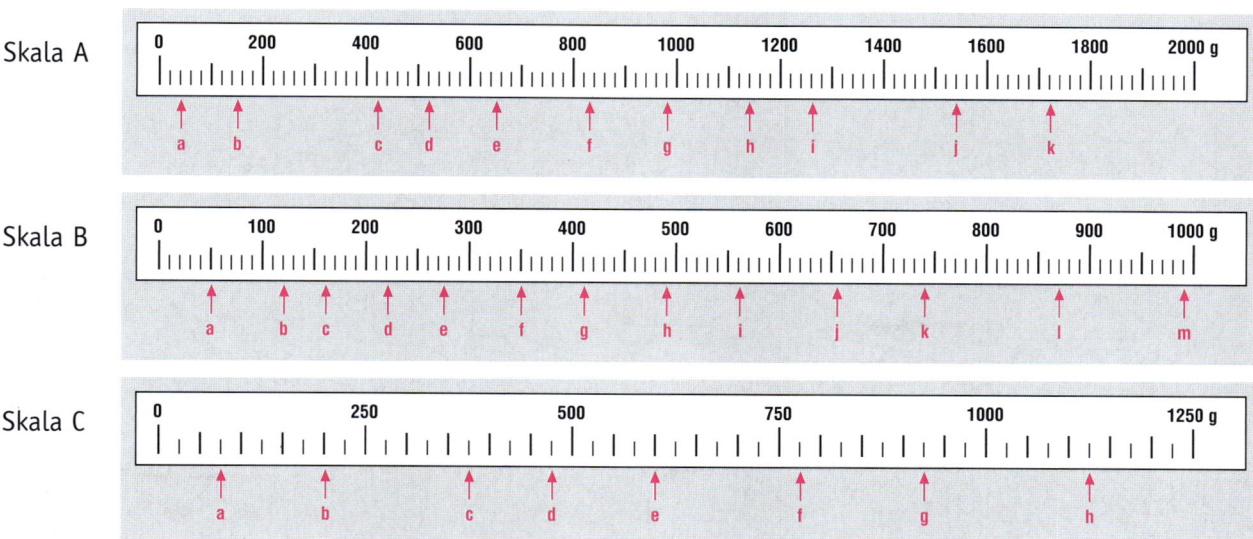

Skala A

Skala B

Skala C

7 a) Zeichnen Sie die Skala der Haushaltswaage, die Sie in der Küche benutzen, in Ihr Heft. Nehmen Sie das Blatt quer.
Wählen Sie als Abstand von Teilstrich zu Teilstrich 5 mm.

b) Tragen Sie in die Skala Ihrer Haushaltswaage ein.

50 g	180 g	540 g	450 g	830 g
80 g	240 g	620 g	490 g	960 g
110 g	300 g	775 g	580 g	980 g
125 g	345 g	930 g	660 g	1050 g

8 Für einen versunkenen Apfelkuchen benötigt man u. a.:

125 g Fett
100 g Zucker
200 g Mehl
 50 g Speisestärke
750 g Äpfel

a) Fertigen Sie wie in Aufgabe **7** a) eine Skala an und tragen Sie die Mengen in Ihre Skala ein.

b) Wie viel Gramm wiegen die Zutaten insgesamt?
Tragen Sie die Summe in die Skala ein.

9 In einem Messbecher kann man Flüssigkeiten und feinkörnige Lebensmittel wie Mehl, Zucker, Kakao, Salz, Haferflocken, Reis, Grieß usw. ablesen.

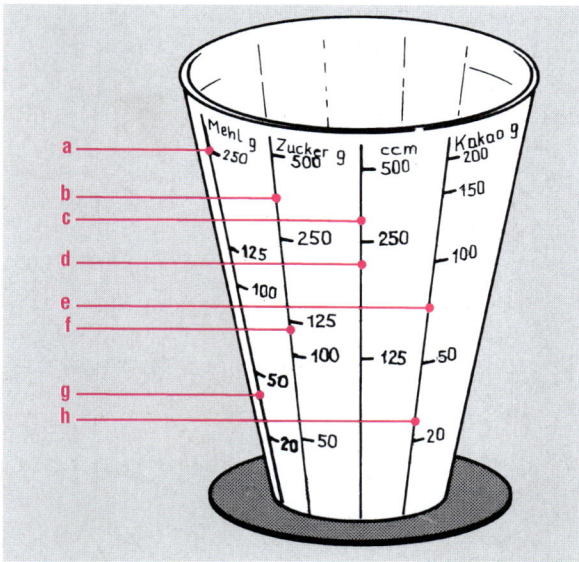

Lesen Sie die Mengen der Lebensmittel am obenstehenden Messbecher ab.

Die Flüssigkeiten in Rezepten werden unterschiedlich angegeben.

Beispiel: $\frac{1}{4}$ l Milch = 250 ml Milch = 250 ccm Milch = 0,25 l Milch.

10 Übertragen Sie die Tabelle mit den gebräuchlichsten Angaben in Ihr Heft und ergänzen Sie die fehlenden Angaben.

11 Kopieren Sie sich die Litermaße und malen Sie die Flüssigkeitsmengen aus Aufgabe **10** farbig ein.

l	ccm/ml	l
1 l	1000 ml	?
$\frac{3}{4}$ l	?	0,75 l
$\frac{1}{2}$ l	?	?
$\frac{3}{8}$ l	?	?
$\frac{1}{4}$ l	?	?
$\frac{1}{8}$ l	?	?
$\frac{1}{10}$ l	?	?

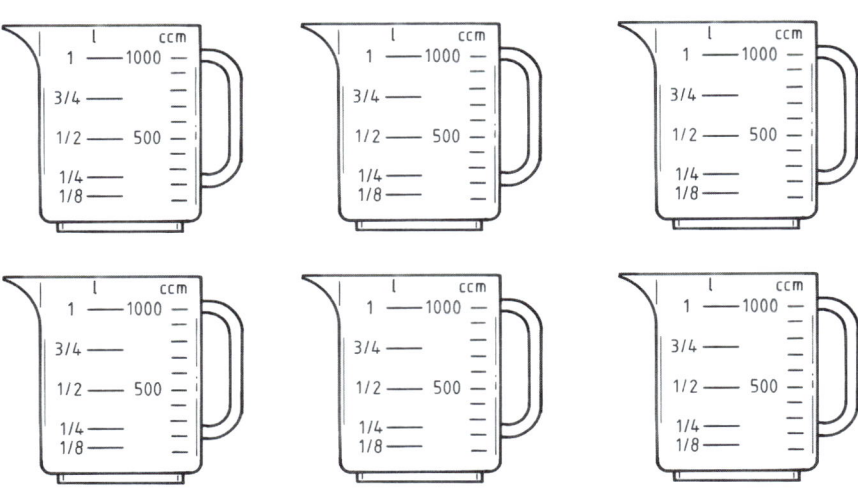

12 Sie kaufen folgende Getränke ein:
3 Flaschen Mineralwasser (je 0,75 l), 3 Flaschen Orangensaft (je 1 l), 5 Dosen Cola (je 0,33 l), 2 Tüten Milch (je 1 l) und 2 Becher Buttermilch (je 0,5 l).

Wie viel Liter Getränke bringen Sie nach Hause?
Welches Gewicht müssen Sie tragen?

13 Übertragen Sie die Tabelle in Ihr Heft und ergänzen Sie die fehlenden Angaben.

kg	g
0,320 kg Gouda	320 g Gouda
1 kg Mehl	?
3 kg Zucker	?
?	500 g Margarine
?	200 g saure Sahne
?	150 g Joghurt
2,5 kg Kartoffeln	?
3,5 kg Äpfel	?
?	400 g Speisestärke
?	250 g Butter

14 Wandeln Sie von kg in g um:

Beispiel: 5,5 kg = 5500 g

a) 5 kg   b) 0,6 kg   c) 0,07 kg   d) 0,008 kg   e) 1,3 kg
f) 170,5 kg   g) 17,78 kg   h) 26,789 kg   i) 12,34 kg   j) 980 kg

15 Wandeln Sie von g in kg um:

Beispiel: 43 g = 0,043 kg

a) 1234 g   b) 468 g   c) 47 g   d) 5830,5 g   e) 8 g
f) 1 g   g) 341,5 g   h) 10 780 g   i) 85 g   j) 2050 g

16 Pro Person und Mahlzeit rechnet man:
200 ml Suppe, 100 g Fleisch, 250 g Kartoffeln, 250 g Gemüse und 170 g frisches Obst.

a) Welche Mengen benötigt man für das Mittagessen einer fünfköpfigen Familie?
b) Welche Mengen muss man für 3 Personen zubereiten?

17 Für das Fach Nahrungszubereitung sind folgende Lebensmittel eingekauft worden:
1,5 kg Hackfleisch, 2,5 kg Kartoffeln, 2 l Milch, 1 kg Paprikaschoten, 500 g Äpfel, 800 g Bananen.
Sabine soll die Lebensmittel gleichmäßig auf 4 Kochkojen verteilen.

Welche Menge der einzelnen Lebensmittel erhält jede Kochkoje?

18 Sie gehen für Ihre Arbeitskollegen und sich selbst einkaufen:
500 g Wurst, $2\frac{1}{2}$ kg Äpfel, 125 g Käse, $\frac{1}{2}$ kg Leberkäse, ein Brot zu $1\frac{1}{2}$ kg, 1,750 kg Erdbeeren.

Wie viel kg müssen Sie tragen?
Schätzen Sie, bevor Sie genau rechnen.

19 Rolf und Gabi gehen einkaufen:
2,5 kg Kartoffeln,   500 g Brot,   425 g Emmentaler,   2 Pakete Butter (je 250 g), 850 g Bananen,   6 Joghurts (je 150 g),   1,5 kg Zwiebeln,   2 Becher saure Sahne (je 200 g) und 1 Dose Aprikosen (820 g).

Wie viel kg Lebensmittel müssen sie vom Auto in ihre Wohnung tragen?

20

SAUERKIRSCH-KUCHEN	
200 g	Mehl
125 g	Speisestärke
1 TL	Backpulver
200 g	Zucker
1	Vanillezucker
1 Prise Salz	
abgeriebene Zitronenschale	
250 g	Margarine
4	Eier
Belag:	
1 ½ kg	Sauerkirschen

Stefan backt gerne Kuchen. Er möchte Sauerkirschkuchen herstellen. Da er einen Teil des Gebäcks einfrieren möchte, nimmt er das Rezept dreifach.

a) Welche Mengen Mehl, Speisestärke, Zucker, Margarine und Sauerkirschen braucht er für die 3 Kuchen?
b) Wandeln Sie die Zutaten in kg um.

21

Pizza

300 g *Mehl*
20 g *Hefe*
1/8 l *Wasser*
50 g *Margarine*
240 g *Salami*
500 g *Tomaten*
375 g *geriebener Käse*
Gewürze

Sebastian und Julia feiern ihren Geburtstag gemeinsam und laden Freunde ein. Sie wollen die Pizza selbst zubereiten. Dafür müssen sie die vierfache Menge nehmen.

a) Welche Mengen der einzelnen Zutaten benötigen sie?
b) Wandeln Sie die Grammangaben der Zutaten in kg um.
c) Für eine Klassenfeier muss die Pizza 7 x zubereitet werden. Welche Mengen der einzelnen Zutaten müssen eingekauft werden?

22 Für einen Erdbeerquark (4 Personen) werden 500 g Quark, 200 g Schlagsahne, $\frac{1}{8}$ l Zitronensaft, 60 g Zucker und 600 g Erdbeeren benötigt.

a) Berechnen Sie die Menge der einzelnen Zutaten für 8 Personen und für 12 Personen.
b) Wandeln Sie die Grammangaben der Zutaten in kg um.

23 In die Trommel einer modernen Waschmaschine passen meistens 5 kg trockene Schmutzwäsche.

Wäschegewichte, trocken			
Bettlaken	500 g	Badetuch	800 g
Bettbezug	650 g	Unterhemd	100 g
Kissenbezug	180 g	Unterhose	100 g
Tischdecke	400 g	Body	200 g
Serviette	80 g	Oberhemd	300 g
Geschirrtuch	100 g	Bluse	200 g
Frotteetuch	180 g	Kittel	400 g

a) Jeweils 3 Bettlaken, Bettbezüge und Kissenbezüge sollen gewaschen werden. Wie viele Unterhemden/Unterhosen passen noch in die Waschmaschine?

b) Nach einer Feier müssen 4 Tischdecken und 12 Servietten gewaschen werden. Wie viel Platz (in kg) ist noch in der Maschine? Wie viele Bettbezüge und Kissenbezüge können noch mitgewaschen werden?

c) Nach einem Freibadbesuch sollen 3 Badetücher gewaschen werden. Wie viele Frotteetücher passen noch in die Waschmaschine?

24 Jens, der als Single lebt, besitzt keine eigene Waschmaschine. Er bringt seine Wäsche regelmäßig in die Wäscherei: durchschnittlich ein Mal pro Woche 5 Frotteetücher, seine Bettwäsche, 5 Oberhemden sowie 7 Unterhemden und 7 Unterhosen.

a) Berechnen Sie, wie viel kg er wöchentlich und jährlich zur Wäscherei bringt.
b) Wie viele Waschmaschinenfüllungen bei 5 kg Fassungsvermögen wären das pro Jahr?
c) Die Wäscherei verlangt für das Schrankfertigmachen der Wäsche 3,40 € pro kg Wäsche. Berechnen Sie den wöchentlichen und den jährlichen Preis, den Jens zahlen muss.

10. Dreisatz

Sie kaufen Eier direkt vom Biobauern.
5 Eier kosten 0,75 €.

Später finden Sie das Angebot einer Kaufhauskette.

Wie viel kostet 1 Ei?
Wie viel kosten 10 Eier?

10 Frische Eier
aus Bodenhaltung, Güteklasse A
Gewichtsklasse L
10er-Packung **1,53 €**

Welches Angebot ist günstiger?

Zeichnen Sie folgende Tabelle in Ihr Heft und tragen Sie ein:

		Eier									
	1	**2**	**3**	**4**	**5**	**6**	**7**	**8**	**9**	**10**
Biobauer					0,75 €					
Kaufhaus										1,53 €

Wir nehmen immer an, dass der Preis für ein Teil sich nicht ändert, ganz gleich, wie viel Stück man kauft.

Doppelt so viele Eier (10 Stück) kosten doppelt so viel wie 5 Stück, also kosten 10 Stück 2 · 0,75 € = 1,50 €.

Der fünfte Teil von 5 Eiern (1 Ei) kostet den fünften Teil von 0,75 €, also kostet 1 Ei 0,75 € : 5 = 0,15 €.

kurz:

$$: 5 \begin{cases} 5 \text{ Eier} \triangleq 0{,}75 \text{ €} \\ 1 \text{ Ei} \triangleq 0{,}75 \text{ € } : 5 = \boxed{0{,}15 \text{ €}} \end{cases} : 5$$

≙ bedeutet entspricht

1 **Beispiel:** 4 kg Farbe kosten 16,00 €
Wie viel kostet 1 kg Farbe?

$$: 4 \begin{cases} 4 \text{ kg} \triangleq 16{,}00 \text{ €} \\ 1 \text{ kg} \triangleq 16{,}00 \text{ € } : 4 = \boxed{4{,}00 \text{ €}} \end{cases} : 4$$

Antwort: 1 kg Farbe kostet 4,00 €.

Berechnen Sie jeweils die Kosten für eine Einheit. Rechnen Sie möglichst im Kopf.

a) 10 kg Möhren kosten 15,50 €.
b) 2 kg Erdbeeren kosten 6,20 €.
c) 3 Sack Kartoffeln kosten 48,00 €.
d) 6 Kaugummi kosten 0,66 €.
e) 5 Eier kosten 0,80 €.
f) 4 Becher Margarine kosten 3,68 €.
g) 8 Becher Eis kosten 5,20 €.

2 5 Eier kosten 0,75 €.
Wie viel kosten 7 Eier?

: 5		5 Eier ≙ 0,75 €	: 5
· 7		1 Ei ≙ 0,75 € : 5 = 0,15 €	· 7
		7 Eier ≙ 0,15 € · 7 = 1,05 €	

kurz:

: 5
$\qquad$ 5 Eier ≙ 0,75 € : 5

: 5
$\qquad$ 1 Ei ≙ 0,75 € : 5 = 0,15 € : 5 | Dreisatz |

· 7
$\qquad$ 7 Eier ≙ 0,15 € · 7 = $\boxed{1,05 €}$ · 7

für „Könner" *noch kürzer:*

$\cdot \frac{7}{5}$
$\qquad$ 5 Eier ≙ 0,75 € $\cdot \frac{7}{5}$

$\qquad$ 7 Eier ≙ 0,75 € · $\frac{7}{5}$ = $\boxed{1,05 €}$ $\cdot \frac{7}{5}$

Rechenweg: $0,75 € \cdot \frac{7}{5} = \frac{\overset{0,15}{0,75 €} \cdot 7}{\underset{1}{5}} = 0,15 € \cdot 7 = 1,05 €$

Antwort: 7 Eier kosten 1,05 €.

3 Der LeMi-Markt bietet Haushaltsgeräte zu Sonderpreisen an. Bei Abnahme größerer Mengen verschiedener Artikel kann man einzelne Posten zum Sonderpreis kaufen. Da in den 3 Küchen einer Berufsschule einige Arbeitsgeräte fehlen, schreibt die Lehrerin handschriftlich in das Angebot, wie viel Stück sie jeweils kaufen möchte.

Welcher Betrag muss je Arbeitgerät ausgegeben werden?
Rechnen Sie im Kopf oder wenden Sie das Dreisatzschema an.

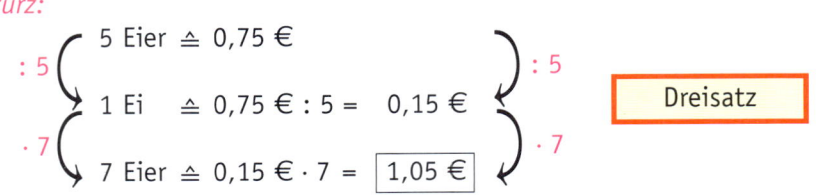

Küchenmesser 12 Stück **12,00 €** *18 Stück*	**Sparschäler** 10 Stück **8,00 €** *16 Stück*	**Teigschaber** 5 Stück **4,50 €** *4 Stück*	**Messbecher** 8 Stück **20,00 €** *3 Stück*
Schüttelbecher 10 Stück **7,80 €** *5 Stück*	**Kochlöffel** 20 Stück **8,00 €** *25 Stück*	**Schüsseln** 15 Stück **45,00 €** *30 Stück*	**Pfannenmesser** 5 Stück **16,75 €** *4 Stück*
Schneebesen 10 Stück **6,40 €** *15 Stück*	**Küchenscheren** 5 Stück **17,00 €** *3 Stück*	**Apfelausstecher** 15 Stück **12,75 €** *5 Stück*	**Backpinsel** 8 Stück **4,80 €** *6 Stück*

 Ein PKW brauchte für eine Fahrt von 384 km 28,8 l Super-Benzin.

a) Berechnen Sie den Verbrauch auf 100 km.
b) Was kostet zur Zeit 1 l Super-Benzin? Berechnen Sie die Benzinkosten für 100 km.
c) Wie hoch ist die Ersparnis auf 100 km, wenn statt Super- auch Normal-Benzin getankt werden kann?

5 Wenden Sie das Dreisatzschema an.

a) 6 Stopfnadeln kosten 0,60 €. Wie viel kosten 11 Stopfnadeln?
b) 5 Knöpfe kosten 1,00 €. Wie viel kosten 8 Knöpfe?
c) 3 m Baumwollband kosten 0,90 €. Wie viel kosten 5 m Baumwollband?
d) 12 Sicherheitsnadeln kosten 1,20 €. Wie viel kosten 5 Sicherheitsnadeln?
e) 20 Druckknöpfe kosten 2,40 €. Wie viel kosten 8 Druckknöpfe?
f) 12 Nähmaschinenspulen kosten 3,60 €. Wie viel kosten 20 Nähmaschinenspulen?
g) 100 Nähmaschinennadeln kosten 24,00 €. Wie viel kosten 70 Nähmaschinennadeln?
h) 125 m Zackenlitze kosten 45,00 €. Wie viel kosten 375 m Zackenlitze?
i) Zur Herstellung von 3 Wintermänteln benötigt man 72 Arbeitsstunden. Wie viel Arbeitsstunden braucht man für 8 Wintermäntel?
j) 5 Gesellen verdienen zusammen täglich 375,00 €. Wie viel verdienen 8 Gesellen täglich?

 20 Knöpfe kosten 2,20 €.

Wie viel kosten 10, 11, 12, 13, 14, 15, 16, 17, 18, 19, 21, 22, 23, 24, 25 Knöpfe? Legen Sie eine Tabelle an.

: 20
20 Knöpfe ≙ 2,20 €
: 20

1 Knopf ≙ 2,20 € : 20 = 0,11 €

Hinweis: Diese Aufgabe kann schnell mithilfe der **Konstantenautomatik** oder des **Speichers** Ihres TR gelöst werden. Lassen Sie sich von Ihrem Lehrer beraten.

 150 Druckknöpfe kosten 37,50 €.

Wie viel kosten 10, 20, 30, 40, ..., 140 Druckknöpfe?
Fertigen Sie eine Tabelle an.

Bild 1

Bild 2

Bild 3

2 Arbeiter benötigen 4 Std.

?

?

Aufgabe: Beschreiben Sie für jedes Bild, was Sie sehen. Als Beispiel siehe Bild 1.

Hinweis: Jeweils soll die gleiche Arbeit getan werden.

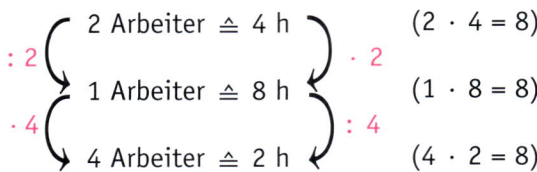

2 Arbeiter $\triangleq$ 4 h $(2 \cdot 4 = 8)$

: 2 $\cdot$ 2

1 Arbeiter $\triangleq$ 8 h $(1 \cdot 8 = 8)$

$\cdot$ 4   : 4

4 Arbeiter $\triangleq$ 2 h $(4 \cdot 2 = 8)$

Dreisatz mit umgekehrtem Verhältnis	
links : 2	rechts $\cdot$ 2
links $\cdot$ 4	rechts : 4

Merke:

Weniger Arbeiter, mehr Zeit!

2 Arbeiter

4 Stunden

Mehr Arbeiter, weniger Zeit!

4 Arbeiter

2 Stunden

Beispiele:

1 Arbeiter benötigt 8 Stunden

2 Arbeiter $\triangleq$ 8 h : 2 = $\frac{8}{2}$ h = 4 h

4 Arbeiter $\triangleq$ 8 h : 4 = $\frac{8}{4}$ h = 2 h

8 3 Gesellen schaffen eine Arbeit in 24 Stunden.

Wie viel Stunden brauchen 8 Gesellen?

9 Für die Herstellung von 20 Kleidern sind 5 Näherinnen 48 Stunden beschäftigt. Diese Kleider müssen aber in 2 Tagen mit jeweils 8 Stunden Arbeitszeit für jede Näherin fertiggestellt werden.

Wie viele Näherinnen werden mindestens benötigt?

10 Der Vorrat an Kartoffeln in einem Zeltlager reicht für 12 Tage. Im Zeltlager sind 25 Personen. Wider Erwarten erhöht sich aber die Teilnehmerzahl um 15 Personen.

Wie lange reicht der Vorrat?

11 Für einen Möbeltransport benötigen 5 Packer 12 Stunden. Das Auspacken muss in 9 Stunden erfolgen, da das Fahrzeug dringend gebraucht wird.

Wie viele Packer müssen eingesetzt werden?

Überlegen Sie sich bei den folgenden Aufgaben, ob ein umgekehrtes Verhältnis vorliegt oder nicht!

12 Für ein Grundrezept Frikadellen (für 4 Personen) benötigt man: 375 g Hackfleisch, 1 Brötchen, 1 Ei und 1 Zwiebel.

Welche Mengen der einzelnen Zutaten braucht man für 15 Personen?

13 Für eine Geburtstagsfeier soll ein Obstsalat zubereitet werden. Zum Zerkleinern des Obstes benötigen Monika und Sabine ungefähr 1 Stunde und 35 Minuten. Unerwartet kommt Rita und hilft den beiden.

Wann sind die 3 Mädchen mit dem Zerkleinern des Obstes fertig, wenn sie um 10.20 Uhr beginnen?

14

Grillkohle
2,5 kg
(1 kg **0,68 €**)

Fruchtjoghurt
250 g
(100 g **0,14 €**)

Berechnen Sie den Preis für die Grillkohle und den Becher Joghurt.

15 Für ein kaltes Büfett sollen 120 Hackfleischbällchen zubereitet werden. 2 Schülerinnen benötigen für 15 Hackbällchen 25 Minuten.

a) Wie lange brauchen die beiden für 120 Bällchen?
b) Wie viele Schülerinnen müssen noch helfen, wenn für die Zubereitung nur 1,5 Stunden zur Verfügung stehen?

16 Silke benötigt zum Backen 150g gemahlene Haselnüsse und 180 g gemahlene Mandeln.
200 g Haselnüsse (ganz) kosten 1,27 €.
100 g Haselnüsse (gemahlen) kosten 0,82 €.
200 g Mandeln (ganz) kosten 1,78 €.
100 g Mandeln (gemahlen) kosten 1,73 €.

Wie viel € spart Silke insgesamt ein, wenn sie die Nüsse und Mandeln selbst mahlt?

17 Im Fach Textiles Gestalten sollen Nikolaussäckchen aus Filz genäht werden. Für die Klasse müssen 4,20 m eingekauft werden, wenn der Stoff 90 cm breit liegt.

Wie viel m werden gebraucht, wenn der Filz 1,40 m breit liegt?

 18 Zur Eröffnung einer Schule soll für 125 Gäste ein kaltes Büfett mit 625 Häppchen gereicht werden. 25 Schülerinnen sollen die Häppchen in 1,5 Stunden zubereiten. Die Zahl der Gäste erhöht sich kurzfristig um 22.

a) Wie viel Häppchen müssen mehr gereicht werden?
b) Wie viele Schülerinnen müssen noch helfen, damit die Zeit eingehalten wird?
c) In welcher Zeit wurden die Häppchen fertiggestellt, wenn sich noch 9 Schülerinnen zum Helfen gefunden haben?

11. Wir schätzen und rechnen mit Zeiten

1 Nennen Sie Beispiele aus dem Alltag, bei denen Zeitangaben in s (Sekunden), min (Minuten), h (Stunden), d (Tagen), Wochen, Monaten, Jahren erfolgen.

s	Sekunden
min	Minuten
h	Stunden
d	Tage

2 In welcher Zeit laufen Sie 100 m? Wie lange brauchen Sie für einen 1000-m-Lauf?

3

Schätzen Sie, wie viel Zeit ein guter Marathonläufer für diese Strecke (etwa 42 km) benötigt.

4 Sie fahren 15 km mit einem Moped auf der Landstraße.
Wie lange fahren Sie etwa?

> 1 min = 60 s
> 1 h = 60 min = 3600 s
> 1 d = 24 h = 24 · 60 min

5 Wie viele min hat ein Tag (1 d)?
Wie viele s hat 1 d?

6 Wie viele Tage haben die einzelnen Monate des Jahres?
Fertigen Sie eine Tabelle an.
Hat jedes Jahr 365 Tage?

7 Wie viele min sind?
a) $2\frac{1}{2}$ h   c) 0,4 h   e) $3\frac{1}{4}$ h   g) $3\frac{1}{2}$ d

b) 3,5 h   d) $1\frac{3}{4}$ h   f) $4\frac{1}{2}$ h   h) 30 s

8 Wie viele s sind?
a) $4\frac{1}{2}$ min   c) $8\frac{1}{4}$ min   e) $3\frac{2}{3}$ h

b) 16,4 min   d) $2\frac{3}{4}$ min   f) 0,2 h

9 Wie viele min und s sind?
a) 70 s   c) 200 s   e) 60,5 s
b) 134 s   d) 112 s   f) 121 s

10 Wie viele h und min sind?
a) 120 min   e) 113 min   i) 120,5 min
b) 97 min   f) 189 min   j) 35 min
c) 210 min   g) 90 min   k) 4200 s
d) 61,5 min   h) 240 min   l) 4230 s

11 Sie sind mit einem Moped um 8.45 Uhr in Ihrem Wohnort abgefahren und waren um 9.33 Uhr in der nächsten Stadt.
Wie viele Minuten haben Sie gebraucht?

12 Herr Schmitz ist um 10.20 Uhr in Köln abgefahren. Nach 1 h 52 min war er in Frankfurt.
Um wie viel Uhr ist er angekommen?

13 Sie arbeiten für einen Kunden am Montag 7 h 45 min, am Dienstag 7 h 30 min, am Mittwoch 8 h, am Donnerstag 7 h 20 min und am Freitag 6 h 15 min.
Wie viele Stunden kann der Betrieb dem Kunden in Rechnung stellen?

14 Die Entsaftungsdauer ist bei verschiedenen Früchten unterschiedlich lang.
Berechnen Sie das Ende des Entsaftens.

Früchte	Dauer	Beginn	Ende
Äpfel	60 min	10.00 Uhr	?
Birnen	40 min	11.15 Uhr	?
Erdbeeren	45 min	12.05 Uhr	?
Himbeeren	35 min	13.06 Uhr	?
Pfirsiche	50 min	16.51 Uhr	?
Quitten	70 min	15.21 Uhr	?

15 Frau Kahl geht um 10.10 Uhr zum Einkaufen.
Sie benötigt folgende Zeiten:
$1/4$ h Hinweg,   10 min Apotheke,
$3/4$ h Wochenmarkt, $1\frac{1}{4}$ h Friseur
und 25 min Rückweg.
Wann kehrt sie in ihre Wohnung zurück?

16 Bei der Zubereitung von Knödeln werden folgende Zeiten benötigt:
$1/4$ h Vorbereitungen,
10 min Knödelpulver quellen,
20 min Knödel kochen und ziehen lassen,
5 min anrichten.
Die Knödel sollen um 12.15 Uhr gegessen werden.
Wann muss die Hausfrau mit der Zubereitung beginnen?

12. Nährwertberechnungen

Energiegehalt berechnen

Bügeln ist anstrengend.
Michael macht Pause.
Er isst eine Schnitte Vollkornbrot und trinkt ein Glas Milch.

Für jede Arbeit benötigt man **Energie.** Man erhält sie durch die Nahrung. Die Nährstoffe Eiweiß, Fett und Kohlenhydrate liefern uns die Energie.

Michael sieht in seiner Nährwerttabelle nach (vgl. die Nährwerttabelle auf dieser Seite).

100 g Roggenvollkornbrot enthalten:
7 g Eiweiß, 1 g Fett, 46 g Kohlenhydrate, insgesamt 1000 kJ.
(J gesprochen „dschu:l", ausgeschrieben: Joule).

100 g Vollmilch enthalten:
3,5 g Eiweiß, 3,5 g Fett, 5 g Kohlenhydrate, insgesamt 275 kJ.

Auszug aus einer Nährwerttabelle

Lebensmittel (100 g enthalten)	Eiweiß in g	Fett in g	Kohlenhydrate in g	Energie kJ
Fleisch				
Rindfleisch, mittelfett	21	7	–	619
Kalbfleisch, mittelfett	21	2	–	407
Schweinefleisch, mittelfett	20	8	–	626
Leber (Kalb)	19	4	4	543
gekochter Schinken	19	13	–	808
Milch und Milcherzeugnisse				
Vollmilch	3,5	3,5	5	275
Schlagsahne	2	30	3	1265
Vollmilch-Joghurt	5	4	5	310
Hartkäse, vollfett	25	28	3	1555
Camembert, 60 % Fett i. Tr.	18	34	–	1600
Camembert, 30 % Fett i. Tr.	22	13	–	899
Quark, mager	17	1	2	370
Eier und Fette				
Hühnerei	11	10	1	615
Butter	1	83	–	3240
Margarine	1	80	–	3180
Öl, Plattenfett, Schmalz	–	100	–	3880
Getreideprodukte				
Reis, poliert	7	1	79	1540
Roggenvollkornbrot	7	1	46	1000
Brötchen	7	1	58	1165
Mischbrot	7	1	52	1055

Nehmen Sie beim Ablesen ein Lineal zu Hilfe.

Lebensmittel (100 g enthalten)	Eiweiß in g	Fett in g	Kohlenhydrate in g	Energie kJ
Kartoffeln				
Kartoffeln	2	–	15	285
Kartoffelpuffer	3,5	15,5	23	1035
Pommes frites	4	12	34	1130
Kartoffelklöße	1	–	27	490
Süßwaren, Zucker				
Schokolade	9	33	55	2355
Honig	–	–	81	1275
Zucker	–	–	100	1650
Gemüse, Obst				
Erbsen, grün	3	–	6	155
Möhren	1	–	6	120
Kohlrabi	1	–	3	75
Rote Bete	1	–	6	120
Kopfsalat	1	–	1	40
Blumenkohl	2	–	2	70
Rosenkohl	4	1	6	175
Weißkohl	1	–	3	80
Tomaten	1	–	3	75
Gurken	–	–	1	30
Äpfel, Birnen	0,3	–	12	210
Kirschen, süß; Pflaumen	0,7	–	13	240
Apfelsinen	0,7	–	9	165
Bananen	0,8	–	16	275
Pfirsiche	0,7	–	10	175
Erdbeeren	1	–	7	150
Zitronensaft	–	–	2	111

1 Wie viel g Eiweiß sind enthalten in:
a) 100 g Schweinefleisch (mittelfett),
b) 100 g Quark (mager)?

2 Wie viel g Kohlenhydrate sind enthalten in:
a) 100 g Mischbrot,
b) 100 g Zucker?

3 Wie viel g Fett sind enthalten in:
a) 100 g Schlagsahne,
b) 100 g Margarine?

4 Wie hoch ist der Energiegehalt von:
a) 100 g Kartoffeln,
b) 100 g Pommes frites,
c) 100 g Kartoffelpuffern,
d) 100g Kartoffelklößen?

Ordnen Sie diese Lebensmittel entsprechend ihrem Energiegehalt (beginnend mit dem niedrigsten).

Michael isst zum zweiten Frühstück eine Schnitte Vollkornbrot, das sind 50 g Brot. Außerdem trinkt er ein Glas Milch, das sind 150 g Milch.

Er rechnet:

Lebensmittel		Energie		aufgenommene Energie
: 2	100 g Vollkornbrot	1000 kJ	: 2	500 kJ
	50 g Vollkornbrot	1000 kJ : 2		
· 1,5	100 g Milch	275 kJ	· 1,5	412,5 kJ
	150 g Milch	275 kJ · 1,5		
				912,5 kJ

Michaels zweites Frühstück hat einen Energiegehalt von 912,5 kJ.

Den Energiegehalt der Nahrung berechnet man in

kJ   Kilojoule

Die Einheit kJ hat die Einheit kcal (Kilokalorie) abgelöst.
4 kJ ≈ 1 kcal.

5 Schreiben Sie sich aus der Nährwerttabelle den Energiegehalt heraus für:
100 g Camembert, 60 % Fett i. Tr.
100 g Camembert, 30 % Fett i. Tr.
100 g Quark, mager
(60 % Fett i. Tr. heißt: 60 % Fett in der Trockenmasse)

a) Berechnen Sie die Differenz der Energiegehalte bei Camembert 60 % und Quark.
b) Berechnen Sie die Differenz der Energiegehalte bei Quark und Camembert 30 %.

6 Wie viel Energie enthalten?

a) eine Banane (180 g)
b) ein Apfel (130 g)
c) eine Apfelsine (220 g)
d) ein Pfirsich (160 g)
e) eine Portion Möhren (180 g)
f) eine Portion Blumenkohl (220 g)
g) eine Portion Kohlrabi (160 g)
h) eine Portion Rosenkohl (170 g)

7 Ulla isst in der großen Pause einen Vollmilch-Joghurt (150 g) und eine Banane (140 g).
Petra isst eine halbe Tafel Schokolade (eine Tafel Schokolade wiegt 100 g).

a) Wie viel Energie nimmt Ulla und wie viel Petra zu sich?
b) Wie viel kJ nimmt Petra mehr zu sich?

8 Da Peter besonders viel Hunger hat, gibt ihm seine Mutter 3 Scheiben Vollkornbrot (insgesamt 150 g) mit. Der Belag besteht insgesamt aus: 60 g Butter, 75 g gekochtem Schinken, 40 g Camembert (60 % Fett i. Tr.) und einem Ei (60 g).

Berechnen Sie den gesamten Energiegehalt.

9 Zum Abendessen nimmt Beate 2 Scheiben Mischbrot (insgesamt 100 g) mit 40 g Butter, einer Scheibe Käse (30 g), 2 Scheiben Schinken (50 g) und eine Tomate (80 g) zu sich.

Wie viel kJ nimmt Beate zu sich?

Nährstoffgehalt berechnen

Michael möchte noch wissen, wie viel g Eiweiß, Fett und Kohlenhydrate in einer Schnitte Vollkornbrot und einem Glas Milch enthalten sind.

Er macht sich eine Tabelle und rechnet:

Lebensmittel	Eiweiß in g	Fett in g	Kohlenhydrate in g
: 2 ⌐ 100 g Vollkornbrot ⌐ 50 g Vollkornbrot	7 ⌐ : 2 3,5	1 ⌐ : 2 0,5	46 ⌐ : 2 23
· 1,5 ⌐ 100 g Vollmilch ⌐ 150 g Vollmilch	3,5 ⌐ · 1,5 5,25	3,5 ⌐ · 1,5 5,25	5 ⌐ · 1,5 7,5
	8,75	5,75	30,5

Michaels zweites Frühstück enthält somit 8,75 g Eiweiß, 5,75 g Fett und 30,5 g Kohlenhydrate.

10 Fertigen Sie eine Nährwerttabelle an und tragen Sie folgende Lebensmittel ein:
100 g Möhren
100 g Blumenkohl
100 g gekochter Schinken
100 g Hühnerei

11 Wie viel g Eiweiß, Fett und Kohlenhydrate enthalten?
a) eine Tomate (60 g)
b) eine Kartoffel (60 g)
c) eine Salatgurke (400 g)
d) eine Scheibe Käse (30 g)
e) ein Brötchen (45 g)

12 Wie viel g der einzelnen Nährstoffe sind enthalten in
a) einem Schweineschnitzel (mittelfett), 140 g;
b) einer Portion Quark (mager), 80 g;
c) einem Becher Vollmilch-Joghurt, 150 g?

13 Ein vollwertiges Frühstück ist sehr wichtig. Wie viel g Eiweiß, Fett und Kohlenhydrate enthält folgendes Frühstück?
2 Scheiben Vollkornbrot (je 50 g)
20 g Butter
1 Ei (50 g)
20 g Honig
1 Tasse Tee

14 Astrid isst zum zweiten Frühstück ein Brötchen (45 g) mit 20 g Butter und einer Scheibe gekochtem Schinken (25 g), außerdem noch eine Banane (170 g).
Wie viel g Eiweiß, Fett und Kohlenhydrate nimmt sie zu sich?

13. Kostenberechnungen

Susanne hat ihre Freundinnen zum Kaffee eingeladen. Es soll Windbeutel geben. Susanne möchte sie selbst backen, da sie ihr in der Konditorei zu teuer sind. Ein Windbeutel kostet dort 1,00 €.

Sie fragt sich: „Wie viel kosten meine selbstgebackenen Windbeutel?"

Sie hat sich die Zutaten aus dem Kochbuch herausgeschrieben. Die Preise hat sie bei ihrem Einkauf notiert. Nun rechnet sie.

Zutaten		Preis für eine Einheit	Preis für die angegebene Menge
1	1 Päckchen Vanillezucker	0,08 €/Päckchen	0,08 €
2	5 Eier	0,15 €/Stück	0,75 €
3	150 g Mehl	0,60 €/kg	0,09 €
4	65 g Margarine	0,90 €/500 g	0,12 €

(Salz, Wasser und die Energiekosten werden der Einfachheit halber nicht berücksichtigt.)

Susanne macht eine Nebenrechnung

1,04 €

2	$5 \cdot 0,15 \text{ €} = 0,75 \text{ €}$	Susanne setzt ein: 0,75 €
3	$:1000 \begin{cases} 1000 \text{ g} \triangleq 0,60 \text{ €} \\ 1 \text{ g} \triangleq 0,60 \text{ €} : 1000 = 0,0006 \text{ €} \\ 150 \text{ g} \triangleq 0,0006 \text{ €} \cdot 150 = 0,09 \text{ €} \end{cases} :1000$ $\cdot 150 \qquad\qquad\qquad\qquad\qquad\qquad\qquad \cdot 150$	Susanne setzt ein: 0,09 €
4	$:500 \begin{cases} 500 \text{ g} \triangleq 0,90 \text{ €} \\ 1 \text{ g} \triangleq 0,90 \text{ €} : 500 = 0,0018 \text{ €} \\ 65 \text{ g} \triangleq 0,0018 \text{ €} \cdot 65 \approx 0,117 \text{ €} \end{cases} :500$ $\cdot 65 \qquad\qquad\qquad\qquad\qquad\qquad\qquad \cdot 65$	Susanne setzt ein: 0,12 €

Zum Füllen der Windbeutel braucht Susanne noch 2 Becher Schlagsahne, je 0,60 €. Ihre Windbeutel kosten also insgesamt 1,04 € + 2 · 0,60 € = 2,24 €. In der Konditorei hätte sie 10 Windbeutel gekauft.

Wie viel € spart Sabine durch das Selberbacken?

Susanne möchte noch wissen, wie teuer andere selbst gebackene Kuchen sind, außerdem möchte sie die Kosten für ein Mittagessen ausrechnen.

Bei Ihren Einkäufen hat sie Preise notiert, die sie in einer alphabetisch geordneten Liste zusammenstellt.

Diese Tabelle benötigen Sie für die folgenden Aufgaben!

Apfel	je kg	1,80 €
Apfelsinen	je Stück	0,40 €
Backpulver	je Päckchen	0,10 €
Bananen	je kg	2,00 €
Blumenkohl	je Stück	1,80 €
Brötchen	je Stück	0,26 €
Brühwürfel	je 4 Stück	1,00 €
Butter	je 250 g	1,10 €
Eier	je Stück	0,15 €
Erdbeeren	je 500 g	2,00 €
Gelatine	je Päckchen	0,25 €
Grieß	je 500 g	1,60 €
Hackfleisch	je kg	7,00 €
Hefe	je Stück	0,25 €
Johannisbeeren	je 500 g	2,20 €
Joghurt	je 150 g	0,25 €
Käse	je 100 g	0,60 €
Kakao	je 250 g	2,00 €
Kartoffeln	je 2,5 kg	1,50 €
Kopfsalat	je Stück	0,90 €
Mandeln	je 100 g	1,00 €
Margarine	je 500 g	0,90 €
Mehl	je kg	0,60 €

Mettwurst	je Stück	0,90 €
Milch	je l	0,60 €
Möhren	je kg	1,50 €
Nudeln	je 250 g	0,80 €
Paprikaschoten	je kg	6,00 €
Porree	je Stange	0,60 €
Preiselbeerkompott	je Glas	1,60 €
Quark	je 500 g	0,70 €
Reis	je 500 g	1,60 €
Sahnestandmittel	je Päckchen	0,15 €
Salami	je 100 g	1,80 €
Schinken, gekocht	je 100 g	2,00 €
Schokolade	je 100 g	0,65 €
Sellerie	je kg	2,30 €
Schlagsahne	je 200 g	0,60 €
Speisestärke	je 400 g	1,40 €
Tomaten	je kg	1,80 €
Tomatenmark	je Tube	0,90 €
Vanillezucker	je Päckchen	0,08 €
Weintrauben	je kg	1,80 €
Zitronen	je Stück	0,25 €
Zucker	je kg	0,90 €
Zwiebeln	je kg	1,50 €

1 Wie teuer sind folgende Lebensmittel? Lesen Sie aus obiger Tabelle ab. Nehmen Sie ein Lineal zu Hilfe.

500 g Margarine
1 kg Zucker
1 kg Möhren
250 g Butter
2,5 kg Kartoffeln
4 Zitronen
2 Päckchen Vanillezucker
3 Eier

2 Susanne kauft ein:

2 kg Mehl
2 kg Zucker
10 Eier
5 Zitronen
5 Päckchen Backpulver
$1/2$ kg Äpfel
2 Stück Hefe
300 g Mandeln

Wie viel Geld gibt sie für ihren Einkauf aus?

3 Rita kauft für das Mittagessen ein:

$1^1/_2$ kg Paprikaschoten
500 g Hackfleisch
6 Eier
500 g Margarine
$1/2$ kg Zwiebeln
4 Tuben Tomatenmark
1 kg Reis
2 l Milch
$1/2$ kg Äpfel
$1/2$ kg Bananen
5 Apfelsinen
3 Zitronen

Sie nimmt 25,00 € mit. Kommt sie mit dem Geld aus?

**Bei den Kosten-
berechnungen
für alle folgenden
Rezepte werden
Energie, Wasser,
Salz usw. nicht
berücksichtigt.**

4 Susanne möchte einen Obstkuchen herstellen. Den Tortenboden backt sie aus Mür-
beteig. Dafür benötigt sie:

250 g Mehl	1 Ei
65 g Zucker	125 g Margarine

Wie teuer ist der selbstgebackene Tortenboden?

5 Für eine Geburtstagsfeier soll eine Biskuittorte mit Preiselbeer-Sahne-Füllung hergestellt werden. Dafür werden folgende Zutaten benötigt:

6 Eier
200 g Zucker   **Füllung:**
1 Päckchen Vanillezucker $1/2$ Glas Preiselbeerkompott
100 g Mehl   250 g Schlagsahne
100 g Speisestärke   1 Päckchen Sahnestandmittel

Berechnen Sie die Kosten für die Biskuittorte.

6 Beim Probekochen hat Rita die Aufgabe erhalten, aus Rührteig einen Napfkuchen
herzustellen und die Kosten zu berechnen.

Zutaten:

200 g Margarine	200 g geriebene Mandeln
250 g Zucker	$1/8$ l Milch
4 Eier	500 g Mehl
1 Päckchen Vanillezucker	1 Päckchen Backpulver

Wie teuer ist Ritas Napfkuchen?

7 Sabine soll beim Probekochen einen versunkenen Apfelkuchen herstellen. Dafür sind
folgende Zutaten notwendig:

125 g Margarine	50 g Speisestärke
125 g Zucker	$1/2$ Päckchen Backpulver
2 Eier	750 g Äpfel
150 g Mehl	

a) Wie teuer ist der versunkene Apfelkuchen?
b) Wie teuer ist ein Stück, wenn aus dem Apfelkuchen 12 Stücke geschnitten werden können?
c) In der Bäckerei kostet ein solches Stück Apfelkuchen 1,00 €. Wie viel Geld spart
man beim Selberbacken dieses Kuchens?

**Die folgenden
Rezepte sind
für 4 Personen
berechnet.**

8 Im Fach Nahrungszubereitung wird eine Gemüsesuppe aus folgenden Zutaten hergestellt:

1 Stange Porree (Lauch)	4 Zwiebeln (zusammen 350 g)
500 g Möhren	60 g Margarine
500 g Kartoffeln	2 Brühwürfel
500 g Sellerie	4 Mettwürste

a) Wie teuer ist diese Gemüsesuppe für 4 Personen?
b) Wie teuer ist die Suppe für eine Klasse, wenn 14 Schülerinnen essen?

9 Für den Nachtisch bereitet Claudia eine Quarkspeise zu:

250 g Quark	Saft einer halben Zitrone
$1/8$ l Milch	1 Banane (200 g)
1 EL Zucker (15 g)	1 Apfelsine
$1/2$ Päckchen Vanillezucker	1 Apfel (140 g)

Berechnen Sie die Kosten für 4 Personen und für 14 Personen.

Susanne möchte einen Vanilleflammeri mit Schokoladensoße herstellen und die Gesamtkosten ausrechnen.

Zur Vereinfachung der Rechnung addiert sie die Mengen der Zutaten, die sowohl beim Flammeri als auch bei der Soße benötigt werden.

Berechnen Sie die Gesamtkosten.

Vanilleflammeri
$1/_2$ l Milch
40 g Zucker
1 Päckchen Vanillezucker
45 g Speisestärke
1 Ei

Schokoladensoße
50 g Schokolade
1 EL Zucker (15 g)
1 Päckchen Vanillezucker
$1/_2$ l Milch
2 EL Speisestärke (pro EL 8 g)

 Michaela kocht für die Familie das Mittagessen.

Berechnen Sie die Kosten.

gefüllter Blumenkohl
1 Blumenkohl
375 g Hackfleisch
1 Brötchen
30 g Margarine
40 g Mehl
$1/_4$ l Milch
4 EL geriebener Käse (zusammen 60 g)
Saft einer halben Zitrone
1 Ei
Fettflöckchen (20 g Butter)
1 kg Kartoffeln

Joghurtcreme
2 Becher Joghurt
150 g Zucker
Saft einer Zitrone
1 Päckchen Gelatine
$1/_4$ l Schlagsahne
250 g Johannisbeeren

 Im Fach Nahrungszubereitung wurde letzte Woche die Verarbeitung von Hackfleisch besprochen. Nun sollen gefüllte Paprikaschoten hergestellt werden.

Berechnen Sie die Kosten für dieses Mittagessen.

Alle Rezepte sind für 4 Personen berechnet.

gefüllte Paprikaschoten
500 g Hackfleisch
2 Zwiebeln (zusammen 80 g)
1 Brötchen
1 Ei
$1/_2$ Tube Tomatenmark
40 g Margarine
6 Paprikaschoten (zusammen 800 g)

Curryreis
280 g Reis
2 Brühwürfel
1 Zwiebel (40 g)
15 g Margarine

Grießflammeri
$1/_2$ l Milch
2 EL Zucker
(zusammen 30 g)
60 g Grieß
1 Ei

 Zum Mittagessen soll es Pizza geben. Susanne überlegt, ob sie fertige Tiefkühlpizza kaufen oder ob sie selbst backen soll. Eine Tiefkühlpizza kostet 2,50 €. Die Kosten für eine selbst gebackene Pizza muss sie ausrechnen.

200 g Mehl
$1/_2$ Päckchen Hefe
200 g Käse
500 g Tomaten
100 g Salami
Gewürze, Öl für zusammen 0,15 €
Für das Mittagessen müsste sie das Rezept doppelt nehmen oder 4 Tiefkühlpizzen kaufen.

Wie viel € spart Susanne, wenn sie die Pizzen selbst backt?

Projekt: Wir laden eine Kindergartengruppe ein

Das Berufsvorbereitungsjahr plant, die Kinder aus dem nahegelegenen Kindergarten zu einem Kennenlernvormittag einzuladen. Die Schüler und Schülerinnen möchten mit den Kindern basteln und spielen, es soll etwas zu Essen und zu Trinken geben. Hierzu soll der Essraum kindgerecht gestaltet werden.

Überlegen Sie mit den anderen Schülern Ihrer Klasse, wer welche Aufgaben übernehmen möchte, was eingekauft und vorbereitet werden soll. Einige Schüler informieren sich durch Kochbücher und Bastelbücher u. a. aus der Schulbibliothek. Außerdem muss eine genaue Liste der Kosten zusammengestellt werden.

Alternativvorschlag:

Die Schüler des Berufsvorbereitungsjahres Neustadt haben sich u. a. für folgende Rezepte entschieden:

Vanillewaffeln
120 g Margarine
50 g Zucker
2 Vanillezucker
2 Eier
1/4 l Milch
250 g Mehl
1 TL Backpulver

Obstsalat
2 Apfelsinen (je 170 g)
2 Äpfel (je 150 g)
2 Bananen (je 200 g)
200 g Erdbeeren
250 g Weintrauben
Saft einer halben Zitrone
2 EL Zucker (30 g)

Erdbeer-Bananen-Drink
2 Bananen (je 200 g)
100 g Erdbeeren
1/2 l Milch
Saft einer halben Zitrone
2 EL Zucker

Alle Rezepte sind für 4 Personen berechnet.

14 Die folgenden Personen nehmen an der Veranstaltung teil: 23 Kinder, 3 Erzieherinnen, 16 Schüler und Schülerinnen und 2 Lehrkräfte.
 a) Für welche Personenzahl müssen die Rezepte umgerechnet werden?
 b) Wie oft muss jedes Rezept zubereitet werden?

15 Dennis und Corinna sind für die Waffeln verantwortlich.

 a) Welche Mengen der einzelnen Zutaten benötigen sie für die Vanillewaffeln?
 b) Wie viele Pakete Mehl, Zucker, Milch, Eier und Margarine müssen sie einkaufen?
 c) Berechnen Sie den Preis für diese Lebensmittel.
 d) Berechnen Sie auch den Preis für ein Rezept Vanillewaffeln und für eine Waffel (1 Rezept ≙ 12 Waffeln).

16 Carsten und Viktor kaufen das Obst für den Obstsalat.

 a) Wie viele Orangen, Äpfel, Bananen und Zitronen müssen sie mitbringen?
 b) Wie viel kg müssen sie insgesamt tragen?
 c) Wie viel € müssen sie für das Obst bezahlen?
 d) Wie viel Gramm Obst sind für jede Person eingeplant?
 e) Berechnen Sie auch den Preis für eine Portion Obstsalat. Vergessen Sie nicht den Zucker, der sich im Vorrat befindet.

17 Silke berechnet den Energiegehalt des Rezepts „Erdbeer-Bananen-Drink".

 a) Wie viel kJ enthält das Getränk?
 b) Ein Rezept ergibt ca. $^3/_4$ l. Wie viel Liter des Milchmischgetränks erhält Silke?
 c) Wie viele Gläser kann sie füllen, wenn in ein Glas 200 ml passen?
 d) Wie viele Gläser des Getränks kann jede Person trinken?

14. Mischungs- und Verteilungsrechnen

Beispiel 1:

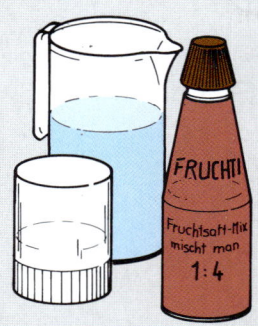

Das Berufsvorbereitungsjahr gestaltet ein Kinderfest. Als Getränk sollen die Kinder Fruchtsaftmix erhalten.

Marion hat errechnet, dass 7 l Fruchtsaftmix nötig sind. Sie will Fruchtsaft kaufen, den sie noch mit Wasser mischen möchte.

Das Mischungsverhältnis ist 1 : 4 (gelesen: „1 zu 4").

1 Flasche Fruchtsaft enthält 0,7 l.

Wie viel Flaschen Fruchtsaft muss Marion kaufen?

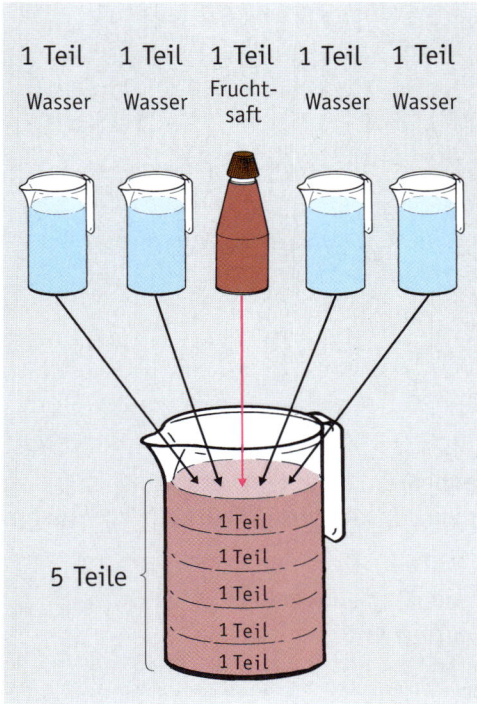

1 Teil	1 Teil	1 Teil	1 Teil	1 Teil
Wasser	Wasser	Frucht-saft	Wasser	Wasser

5 Teile

1 Teil
1 Teil
1 Teil
1 Teil
1 Teil

Das Mischungsverhältnis $\boxed{1:4}$ bedeutet:

Auf einen Teil Fruchtsaft kommen vier Teile Wasser.

Marion probiert: Sie schüttet 0,7 l Fruchtsaft in ein großes Gefäß. Hinzu gibt sie 4 · 0,7 l = 2,8 l Wasser.
Damit sind insgesamt 0,7 l + 2,8 l = 3,5 l Fruchtsaftmix im Gefäß.
Um 7 l (das Doppelte von 3,5 l) zu erhalten, muss sie noch einmal 0,7 l Fruchtsaft und 2,8 l Wasser hinzuschütten.
Insgesamt benötigt sie demnach 2 · 0,7 l = 1,4 l (zwei Flaschen) Fruchtsaft.

Marion hätte die Frage auch durch Rechnen lösen können:

Das Mischungsverhältnis (MV) 1 : 4 gibt an, dass man mit insgesamt 5 Teilen rechnen muss (1 + 4 = 5).

7 l : 5 = 1,4 l
1 Teil ≙ 1,4 l (Fruchtsaft)
4 Teile ≙ 4 · 1,4 l = 5,6 l (Wasser)

> Dividiere die Gesamtmenge durch die Gesamtzahl der Teile; multipliziere das Ergebnis mit den jeweiligen Anteilen des MV!

1 Zur Herstellung von Frikadellen wird 2,5 kg Hackfleisch benötigt. Es entsteht aus Schweine- und Rinderhackfleisch durch Mischung im Verhältnis 1 : 3.

Wie viel g Hackfleisch von jeder Sorte muss die Verkäuferin auswiegen?

2 Aus zwei verschiedenen Teesorten (Sorte A und Sorte B) sollen Mischungen hergestellt werden:

a) insgesamt   2 kg, MV 1 : 4
b) insgesamt 1,5 kg, MV 2 : 3
c) insgesamt 4,2 kg, MV 1 : 5
d) insgesamt 0,8 kg, MV 1 : 3
e) insgesamt 600 g, MV 2 : 1

3 Die beiden Hotels „Grüne Lunge" und „Zur schönen Aussicht" betreiben gemeinsam ein kleines Hallenbad. Die Betriebskosten für eine Saison betrugen 10 000,00 €. Diese werden im Verhältnis der Bettenzahlen aufgeteilt. „Grüne Lunge" hat 55 Betten, „Zur schönen Aussicht" 78 Betten.

Wie viel € hat jedes Hotel zu zahlen?

4 Die Kosten der Asphaltierung eines Privatweges betragen 7 500,00 €. Sie werden auf die zwei Anlieger Müller und Meier den Grundstücksgrößen entsprechend verteilt. Das Grundstück von Anlieger Müller ist 880 m², das von Anlieger Meier 1070 m² groß.

Wie viel € hat jeder Anlieger zu zahlen?

Einfachen Essig kann man aus Essigessenz herstellen, indem man diese mit der vierfachen Menge Wasser verdünnt. 2 l Essig werden benötigt.

Wie viel l Essigessenz und wie viel l Wasser müssen genommen werden?

 Eine Verkäuferin mischt zwei Sorten Kaffee im Verhältnis 1:4. Die Sorte A kostet 6,00 € pro kg, die Sorte B 7,00 € pro kg.

Was kostet 1 kg des gemischten Kaffees?

Beispiel 2: Sabine muss manchmal 3 Sorten Kaffee mischen.

Kaffee **A**   Kaffee **B**   Kaffee **C**

2 Teile   3 Teile   1 Teile

Das Mischungsverhältnis ist 2:3:1
(gelesen: „2 zu 3 zu 1").

Sabine soll 750 g der Mischung herstellen.

Sie rechnet:
2 Teile + 3 Teile + 1 Teil = 6 Teile.

750 g : 6 = 125 g
  2 Teile ≙ 2 · 125 g = 250 g (Kaffee A)
  3 Teile ≙ 3 · 125 g = 375 g (Kaffee B)
  1 Teile ≙ 125 g (Kaffee C)

Also benötigt sie:
250 g von Kaffee A, 375 g von Kaffee B, 125 g von Kaffee C.

7 Früchte (Johannisbeeren, Stachelbeeren, Himbeeren) sollen im Verhältnis 4:3:2 zu einer Dreifruchtmarmelade verarbeitet werden. Insgesamt sollen 2,7 kg Früchte verwendet werden.

a) Wie viel g von jeder Beerensorte müssen genommen werden?
b) Früchte und Gelierzucker werden im Verhältnis 1:1 gemischt.
   Wie viel kg Dreifruchtmarmelade erhält man?

8 Ein Gartenbaubetrieb erhält eine Lieferung von 20 t Düngemittel. Diese Lieferung muss im Verhältnis 5:7:8 auf die drei Filialen A, B und C verteilt werden.

Wie viel t des Düngemittels bekommen die einzelnen Filialen?

 Für ein Seniorenheim soll eine magenschonende Kaffeemischung hergestellt werden. Die Sorten A, B und C werden im Verhältnis 5:3:2 gemischt. 1 kg der Sorte A kostet 6,00 €, 1 kg der Sorte B 7,00 €, 1 kg der Sorte C 9,00 €.

Wie viel € kosten 500 g der Mischung?

 3 Sorten Tee werden gemischt:
6 kg Sorte A zu 24,00 € je kg,
9 kg Sorte B zu 27,00 € je kg,
5 kg Sorte C zu 30,00 € je kg.

Was kosten 50 g der Mischung?

 4 Sorten Tee werden gemischt:
5 kg Sorte A zu 22,60 € je kg,
4 kg Sorte B zu 18,40 € je kg,
2 kg Sorte C zu 12,80 € je kg,
3 kg Sorte D zu 16,50 € je kg.

Was kosten 100 g der Mischung?

15. Prozentrechnen

1 Man kann aus bildlichen Darstellungen (hier Prozentstreifen) Anteile in Prozenten ablesen:

Beispiele:

① 50% | A | | | | | | | B | | 50%
② 80% | A | | | | | | | B | | 20%

Lesen Sie aus den folgenden Prozentstreifen die Anteile in Prozenten ab. Schreiben Sie diese in Ihr Heft.

a) | A | | | | | | | B | |

b) | A | | | | | | | B | |

c) | A | | | | | | | B | |

d) | A | | | | | | | B | |

e) | A | | | | | | | B | |

2 Zeichnen Sie in Ihr Heft Prozentstreifen mit folgenden Prozentanteilen.

	A	B
a)	40%	?
b)	?	30%
c)	35%	?
d)	?	55%
e)	95%	?

3 Der Alkoholanteil ist bei verschiedenen Branntweinsorten unterschiedlich.

Zeichnen Sie wie in Aufgabe **2** den Alkoholgehalt farbig für

a) Korn 40%   d) Branntwein 32%
b) Rum 54%   e) Likör 30%
c) Whisky 43%   f) Obstbranntwein 45%

4 Nach verschiedenen Wahlen sehen Sie in der Zeitung folgende Darstellung der Stimmenverteilung.

Wie viel % der Stimmen hat Partei **A**, wie viel % Partei **B** erreicht?

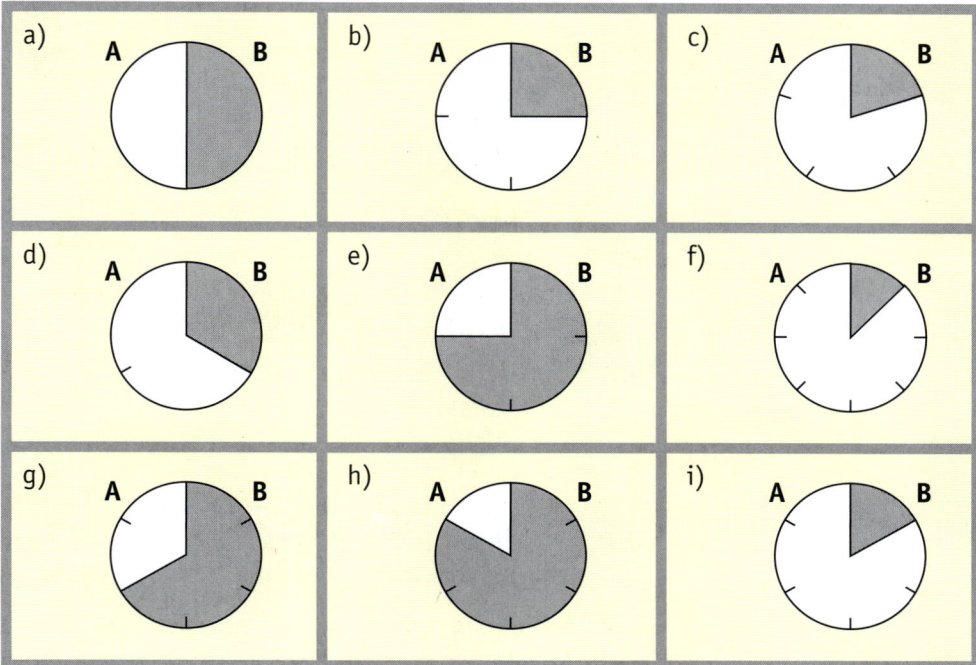

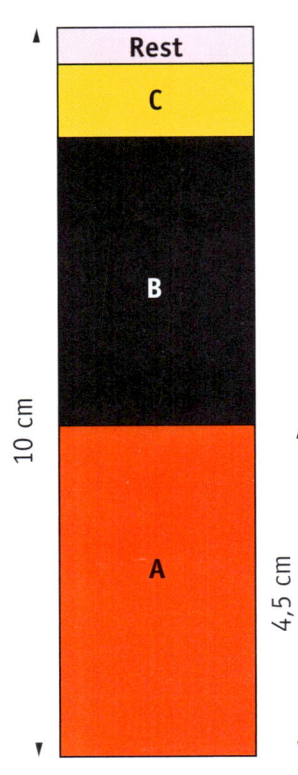

Rest
C
B
10 cm
A
4,5 cm

5 Bei einer Wahl zum Kreistag ergeben sich folgende Stimmenanteile für die Parteien:
Partei A 45 %, Partei B 40 %, Partei C 10 %.

a) Wie viel % der Stimmen haben die anderen Parteien zusammen erhalten?

In einer Zeitung findet man ein   Säulendiagramm .

Das Säulendiagramm hat eine Höhe von 10 cm. Der Stimmenanteil ist jeweils durch ein Rechteck dargestellt. Alle Rechtecke haben dieselbe Breite. Die unterschiedlichen Höhen stellen die verschiedenen Anteile in Prozent dar.

$$100\,\% \triangleq 10 \text{ cm}$$
: 100
$$1\,\% \triangleq 10 \text{ cm} : 100 = 0,1 \text{ cm}$$
: 100
· 45
$$45\,\% \triangleq 0,1 \text{ cm} \cdot 45 = 4,5 \text{ cm}$$
· 45

Also: Die Höhe des Rechtecks für die Partei A beträgt 4,5 cm.

$$1\,\% = \frac{1}{100}$$

1 % ist also lediglich eine andere Schreibweise für den Bruch $\frac{1}{100}$.

Entsprechend gilt: $45\,\% = \frac{45}{100}$.

Die Höhe des Rechtecks für die Partei A hätte man also auch durch folgende Rechnung erhalten können:

$$10 \text{ cm} \cdot \frac{45}{100} = \frac{10 \cdot 45}{100} \text{ cm} = 4,5 \text{ cm}.$$

Mit einem TR, der eine Prozenttaste **%** besitzt, lässt sich die Rechnung auch in folgender Weise durchführen: ①⓪ **X** ④⑤ **%**

Hinweis: Bei einigen TR-Modellen muss am Ende noch die Taste **=** betätigt werden.

b) Berechnen Sie die Höhe des Rechtecks für die Partei B nach allen drei Verfahren (Dreisatz, Multiplikation mit $\frac{40}{100}$, Benutzung der Prozenttaste).

c) Berechnen Sie die Höhen für die Partei C und den Rest mit einem von Ihnen gewählten Verfahren.

d) Wie war die Stimmenverteilung (Zweitstimmen) bei der letzten Bundestagswahl?
Fertigen Sie hierfür ein Säulendiagramm an.

6 Bei einer Gemeinderatswahl ergaben sich folgende prozentualen Stimmenanteile für 4 Parteien: A 44 %, B 42 %, C 6 %, D 5 %.

Stellen Sie die prozentuale Verteilung in einem Säulendiagramm dar.
Wählen Sie als Höhe der Säule 20 cm.

Berechnung des Prozentwertes

7

Überall im Bild

- Black-Matrix-Bildröhre
- 55 cm Bildschirm
- 8 Seiten Videotext-Speicher
- 100 Programmspeicherplätze
- Raumklang
- Infrarot-Fernbedienung

nur **698,- €**

Beim Kauf des Fernsehgerätes gewährt Ihnen der Händler 5 % Skonto.

Wie viel € müssen Sie dann noch bezahlen?

Skonto bedeutet Nachlass bei Barzahlung.

8 Berechnen Sie:

a) 16 % von 344 €

b) 27 % von 26 m

c) 13,5 % von 80 kg

d) 3,75 % von 11,8 m³

e) 3,25 % von 87,91 €

f) $6\frac{1}{2}$ % von 98,47 €

g) 115 % von 300 m

h) 13 % von 187 €

i) 8 % von 64 kg

9 Eine Familie hat ein Monatseinkommen von 2 458,00 €. Hiervon werden 26 % für das Haushaltgeld benötigt.

Wie viel € sind das für jede Person bei einer 4-köpfigen Familie?

10 Der jährliche Wasserverbrauch einer Familie beträgt 296 m³. Durch Anschaffung von Wasch- und Geschirrspülmaschine wird sich der Verbrauch vermutlich um 8 % erhöhen. Der Preis für einen m³ Wasser einschließlich Abwasser liegt bei 3,88 €.

a) Um wie viel m³ erhöht sich der Wasserverbrauch vermutlich?
b) Wie viel € muss die Familie im Jahr mehr für Wasser ausgeben?

11

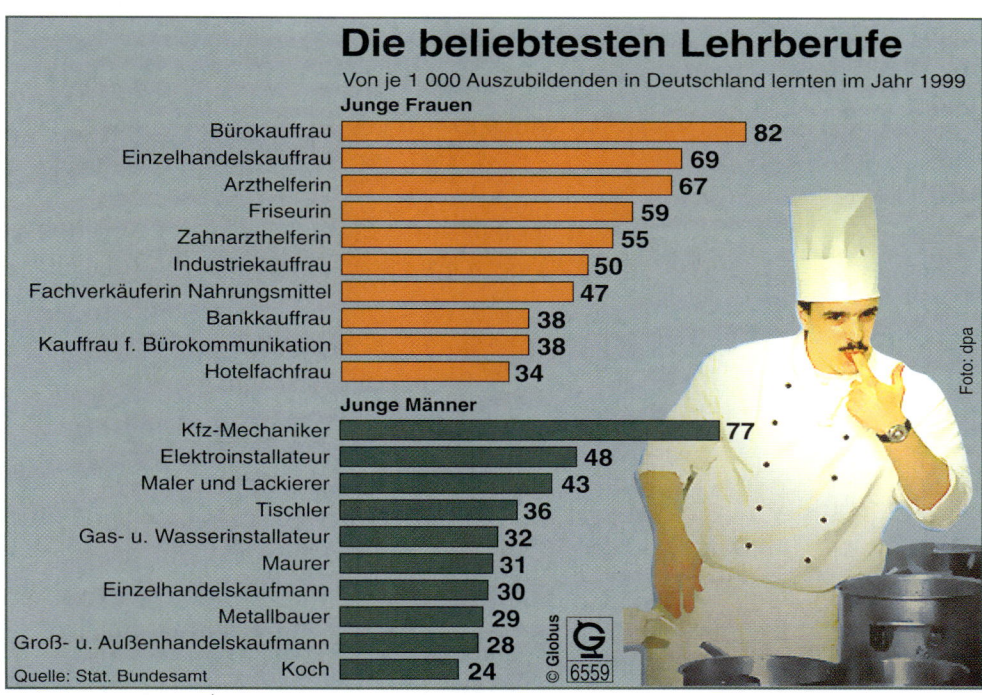

Die beliebtesten Lehrberufe

Von je 1 000 Auszubildenden in Deutschland lernten im Jahr 1999

Junge Frauen

Bürokauffrau	82
Einzelhandelskauffrau	69
Arzthelferin	67
Friseurin	59
Zahnarzthelferin	55
Industriekauffrau	50
Fachverkäuferin Nahrungsmittel	47
Bankkauffrau	38
Kauffrau f. Bürokommunikation	38
Hotelfachfrau	34

Junge Männer

Kfz-Mechaniker	77
Elektroinstallateur	48
Maler und Lackierer	43
Tischler	36
Gas- u. Wasserinstallateur	32
Maurer	31
Einzelhandelskaufmann	30
Metallbauer	29
Groß- u. Außenhandelskaufmann	28
Koch	24

Quelle: Stat. Bundesamt

© Globus 6559

Foto: dpa

a) Wie viel % der Auszubildenden in Deutschland lernten im Jahr 1999 den Beruf der Bürokauffrau?

b) Wie viel % der Auszubildenden in Deutschland lernten im Jahr 1999 den Beruf des Tischlers?

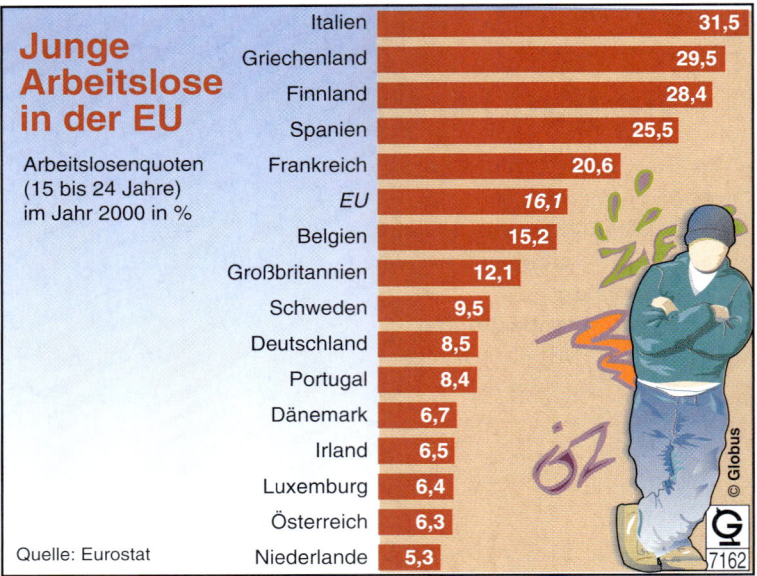

Junge Arbeitslose in der EU

Arbeitslosenquoten (15 bis 24 Jahre) im Jahr 2000 in %

Land	%
Italien	31,5
Griechenland	29,5
Finnland	28,4
Spanien	25,5
Frankreich	20,6
EU	16,1
Belgien	15,2
Großbritannien	12,1
Schweden	9,5
Deutschland	8,5
Portugal	8,4
Dänemark	6,7
Irland	6,5
Luxemburg	6,4
Österreich	6,3
Niederlande	5,3

Quelle: Eurostat

a) Um wie viel Prozentpunkte lag die Arbeitslosenquote (15 bis 24 Jahre) in Italien im Jahr 2000 über der Arbeitslosenquote in Deutschland?

b) Um wie viel Prozentpunkte lag die Arbeitslosenquote in den Niederlanden im Jahr 2000 unter der Arbeitslosenquote in Deutschland?

c) Warum kann die Arbeitslosenquote in der EU (16,1 %) nicht aus den in der Grafik angegebenen Arbeitslosenquoten der einzelnen Länder ohne weitere Informationen berechnet werden?

13 Sie wollen den abgebildeten Roller kaufen. Der Händler ist bereit, Ihnen bei Barzahlung 3 % Skonto auf den Preis von 980,00 € zu gewähren.

Wie viel € müssen Sie dann noch für den Roller bezahlen?

Lösungsmöglichkeiten: A) Wir rechnen zunächst aus, wie viel € 3 % Skonto sind:

[9][8][0][X][3][%] `29.4`   Ergebnis: 29,40 €

Der Prozentwert (Skonto) wird von 980,00 € subtrahiert:

[9][8][0][−][2][9][.][4][=] `950.6` Ergebnis: 950,60 €

B) **Kurzfassung** der Aufgabe:
980 €, abzüglich 3 % Skonto

Rechenprotokoll: [9][8][0][−][3][%]

Was zeigt der TR nach dem Drücken der Prozenttaste [%] an?

`29.4` oder `950.6`

Im ersten Fall `29.4` hat der TR $980 \cdot \frac{3}{100}$ gerechnet und zeigt den Prozentwert an. Um das Endergebnis zu erhalten, müssen Sie noch die Taste [=] drücken.

Im zweiten Fall `950.6` hat der TR $980 - 980 \cdot \frac{3}{100}$ gerechnet.

Die Taste [=] brauchen Sie dann nicht mehr zu betätigen.

Fertigen Sie für die folgenden Aufgaben jeweils eine Kurzfassung und ein Rechen-protokoll an. Entscheiden Sie bei jeder Aufgabe zunächst, ob der Prozentwert (Skonto, Rabatt, Mehrwertsteuer) angegeben werden muss oder nicht.

Beispiel: Das Briefporto soll um etwa 30 % erhöht werden. Eine Familie hat im letzten Jahr insgesamt 118,00 € an Briefporto ausgegeben.

Welchen Betrag muss sie nach der Erhöhung jährlich vorsehen?

(Die Angabe des Prozentwertes [30 % von 118 €] ist nicht erforder-lich.)

Kurzfassung: 118 €, zuzüglich 30 %

Protokoll: ① ① ⑧ ➕ ③ ⓪ ％

Antwort: Die Familie muss 153,40 € an Briefporto vorsehen.

14 Eine Firma erhält eine Rechnung über 104,45 €. Bei Barzahlung darf sie 3,5 % ab-ziehen.

Berechnen Sie den Barzahlungspreis.

15 Ein Fichtenbrett wird aus einem frischen Baumstamm geschnitten und wiegt 18 kg. Durch Lufttrocknung verliert es 35 % seines Gewichtes.

Wie viel kg wiegt das Brett im getrockneten Zustand?

16 Einem Rechnungsbetrag von 796,50 € wird die Mehrwertsteuer zugeschlagen.

Berechnen Sie, wie viel € Sie bezahlen müssen.

Hollywoodliege mit Sonnendach **399,00 €**

Stapelstuhl **34,00 €**

Gartentisch 155 x 90 cm **149,00 €**

Armlehnstuhl verstellbar **99,00 €**

Ruheliege **199,00 €** auf Rädern, verstellbar

17 Ein Kunde kauft seine Gartenmöbel nach der Sommersaison. Er erhält auf alle Artikel 12 % Rabatt.

a) Berechnen Sie, wie viel € er für jeden Artikel bezahlen muss.
b) Wie viel € kann er insgesamt sparen, wenn er jeden ausgezeichneten Artikel kauft?

Rabatt ist ein Preisnachlass aus besonderem Grund.

18 Die Lebenshaltungskosten sind im Dezember um 5,2 % bezogen auf Dezember vergangenen Jahres gestiegen. Eine Familie gab im Dezember vorigen Jahres für ihre Lebenshaltung 876,00 € aus.

Wie viel Wirtschaftsgeld braucht sie nun bei gleichen Ansprüchen?

19

Welchen Höhenunterschied überwindet die Straße, an der dieses Schild steht, auf einer Länge von 100 m?

20 Eine 12 km lange Bergstraße hat eine durchschnittliche Steigung von 7 %.

Wie hoch (in m) liegt ihr höchster Punkt über dem Anfangspunkt?

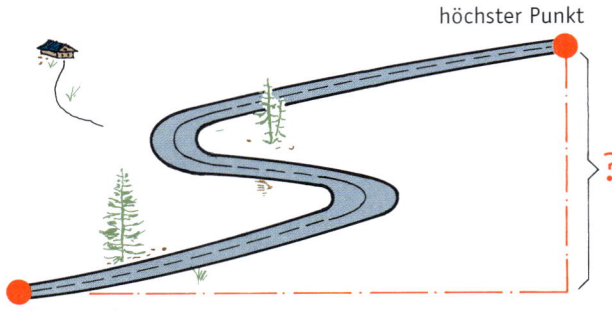

21 Ein Berg hat stellenweise eine Steigung von 100 %.

Fertigen Sie eine Skizze an.

22 Eine Tafel Schokolade kostet 0,60 €. Im nächsten Jahr wird sie um 5 % teurer. Bezogen auf den neuen Preis wird sie im darauffolgenden Jahr sogar um 10 % teurer.

a) Wie viel € kostet die Tafel Schokolade nach 2 Jahren?
b) Wäre der neue Preis ein anderer, wenn sie im ersten Jahr um 10 % und im zweiten Jahr um 5 % teurer würde?

23 Eine Holzrechnung beläuft sich auf 256,80 €.

Wie hoch ist der Bareinkaufspreis, wenn die Firma 3 % Skonto gewährt?

24 Karl Huber hat seinen Führerschein gemacht.
Nun erkundigt er sich nach günstigen Gebrauchtwagen. Der Händler gibt ihm auf die angebotenen Fahrzeuge (A bis D) jeweils 7,5 % Skonto.

Wie teuer ist jedes Auto? Für welches Auto würden Sie sich entscheiden?

Ihr Wunschauto

Neuwagen-Importe
A L-Ausst., Radio, 19 400 km
€ 22 000,–

Gebrauchtwagen
Radio, Stahlkurbeldach
B 56 900 km
€ 9 900,–

An-/Verkauf

Dienstwagen
L-Ausst., Radio, Alufelgen
C 25 600 km
€ 12 750,–

Gelegenheit!!
LS-Ausst., 4-türig
D 64 900 km
€ 5 500,–

ZWEI Prozentangaben – z. B.: Mehrwertsteuer und Skonto

Beispiel: Eine Waschmaschine kostet 606,00 €. Hinzu kommt noch die Mehrwertsteuer von 16 %. Der Händler gewährt bei Barzahlung 3 % Skonto. Welchen Betrag müssen Sie bezahlen?

Kurzfassung: 606 €, zuzüglich 16 %, dann abzüglich 3 %.

Protokoll: ⑥⓪⑥ ➕ ①⑥ % ➖ ③ %

Antwort: Die Waschmaschine kostet bei Berücksichtigung von Mehrwertsteuer und Skonto 681,87 €.

 Aus welchem Grunde ist die folgende Kurzfassung falsch?

606 €, zuzüglich 13 %

25 Sie verschönern Ihr Zimmer mit einer Decke aus Fichtenbrettern. Der Materialpreis beträgt 368,00 €. Zusätzlich muss die Mehrwertsteuer bezahlt werden.

Der Händler gewährt Ihnen bei Barzahlung $2\frac{1}{2}$ % Skonto.

Wie viel € müssen Sie bezahlen?

26 Unsere Schule kauft Küchengeräte im Wert von 6 600,00 €. Ihr wird ein Sonderrabatt von $5\frac{1}{4}$ % eingeräumt.

Berechnen Sie den Barzahlungspreis, wenn auf den Rechnungsbetrag noch die Mehrwertsteuer aufgeschlagen wird.

Berechnung des Prozentsatzes

Beispiel:

Eine Schrankwand kostet 2 000,00 €.
Bei Barzahlung will der Händler 50,00 € nachlassen.

Wie viel % Skonto sind das?

Gegeben:
Grundwert   = 2 000,00 €
Prozentwert =   50,00 €

Gesucht:
Prozentsatz

Der Grundwert entspricht 100 %.

Musterlösung:

$$
\begin{array}{c}
: 2000 \left\{\begin{array}{l} 2000\ € \triangleq 100\,\% \\[2mm] 1\ € \triangleq \dfrac{100}{2000}\,\% \\[3mm] 50\ € \triangleq \dfrac{100\,\cdot\,50}{2000}\,\% = 2{,}5\,\% \end{array}\right\} : 2000 \\[2mm] \cdot\,50 \qquad\qquad\qquad\qquad\qquad\qquad \cdot\,50
\end{array}
$$

Antwort: Der Händler gewährt 2,5 % Skonto.

27 1 l Milch wiegt 1030 g und enthält 36 g Milchfett, 38 g Milcheiweiß, 52 g Kohlenhydrate und 7 g Mineralsalze.

a) Wie viel % sind das jeweils?
b) Geben Sie die restlichen Inhaltsstoffe sowohl in g als auch in % an.

28 Der Abfall beim Putzen von Gemüse ist unterschiedlich:

Bei 1200 g   Blumenkohl   beträgt er 456 g.
Bei   980 g   Kohlrabi   beträgt er 314 g.
Bei   1 kg   Möhren   beträgt er 170 g.
Bei 1500 g   Paprikaschoten beträgt er 345 g.

a) Wie viel Prozent Abfall haben wir bei den einzelnen Gemüsesorten?
b) Wie viel Prozent geputztes Gemüse erhalten wir bei den einzelnen Sorten?

29 Diese Woche hat der Drogeriemarkt folgende Angebote:

Haarshampoo	statt 1,65 €	nur 1,39 €
Papiertaschentücher	statt 2,25 €	nur 1,99 €
Gesichtscreme	statt 3,98 €	nur 3,48 €
Babyöl	statt 3,60 €	nur 2,44 €
Seife	statt 1,65 €	nur 1,34 €
Zahnpasta	statt 1,39 €	nur 0,99 €

Um wie viel % sind die einzelnen Artikel im Angebot billiger?

 30 Familie Meier benötigt pro Jahr etwa 3000 l Heizöl. Vor 10 Jahren kostete 1 l Heizöl umgerechnet 0,23 €. Was kostet es heute? Damals verdiente Herr Meier umgerechnet 950,00 € im Monat, heute sind es 1550,00 €.

Berechnen Sie jeweils den prozentualen Anteil der Heizkosten am Einkommen vor 10 Jahren und heute und vergleichen Sie die Anteile. Was stellen Sie fest?

31 Eine vierköpfige Familie hat ein monatliches Einkommen von netto 2500,00 €. Für Versicherungen gibt sie monatlich 310,00 € aus.

Wie viel % des Einkommens sind das?

32 Berechnen Sie die Ersparnisse in %, wenn der Grundwert jeweils mit 1600 l angesetzt wird.

Jährlicher Heizölverbrauch

Beispiel für ein Einfamilienhaus mit 140 m² Außenwandfläche und 30 cm Wanddicke

Normal-Ziegel Normal-Mörtel

1600 l

Spezial-Ziegel Normal-Mörtel

1150 l

Spezial-Ziegel Spezial-Mörtel

950 l

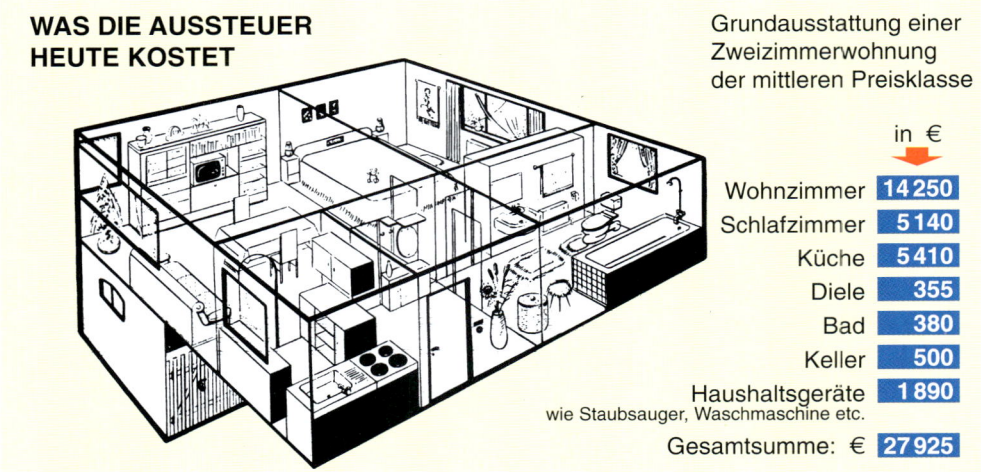

WAS DIE AUSSTEUER HEUTE KOSTET

Grundausstattung einer Zweizimmerwohnung der mittleren Preisklasse

	in €
Wohnzimmer	14 250
Schlafzimmer	5 140
Küche	5 410
Diele	355
Bad	380
Keller	500
Haushaltsgeräte wie Staubsauger, Waschmaschine etc.	1 890
Gesamtsumme: €	27 925

34 Ein Farbfernsehgerät wird zu einem Sonderpreis angeboten.

Berechnen Sie die Ersparnis in %, wenn der Preis von 1448,00 € auf 1350,00 € herabgesetzt wird.

33 a) Berechnen Sie die Anteile in % der einzelnen Zimmer an der gesamten Grundausstattung einer Zweizimmerwohnung.
b) Fertigen Sie ein Säulendiagramm über die einzelnen Anteile der Grundausstattung an. (10% ≙ 1 cm)

35 Der Preis für einen trockenen Haarschnitt wurde von 12,50 € auf 13,50 € erhöht.

Wie viel % beträgt die Preiserhöhung?

36 Für den Haarschnitt eines Kindes benötigt Heike durchschnittlich 15 Minuten und für den eines Mannes 25 Minuten.

Um wie viel % ist Heike an dem Herrenschnitt länger beschäftigt?

37 Eine Dauerwelle kostete bisher 33 €. Jetzt zahlt die Kundin dafür 41 €.

Um wie viel % ist der Preis für eine Dauerwelle gestiegen?

38 Innerhalb einer Werbeaktion wird eine Flasche Rasierwasser zu 4,99 € angeboten. Die gleiche Flasche kostet sonst 6,49 €.

Wie viel % ist das Sonderangebot günstiger?

39 Eine Frisör-Meisterin erhöht den Preis für eine Tönung von 40 € auf 42 €.

Berechnen Sie die Preiserhöhung in Prozent.

 40 Ein 5-Liter-Kanister Shampoo kostet 20 €, der 10-Liter-Kanister wird für 36 € verkauft.

Wie viel % spart man bei der Abnahme des 10-Liter-Kanisters?

 41 Ein Frisörsalon hatte bisher folgende Öffnungszeiten: Montag geschlossen, Dienstag bis Freitag 9.00 – 18.00 Uhr, Sonnabend 8.00 – 13.00 Uhr. Die Öffnungszeiten werden nun erweitert: Montag 9.00 – 18.00 Uhr, Sonnabend 8.00 – 15.00 Uhr.

Um wie viel % wird die Öffnungszeit erweitert?

Berechnung des Grundwertes

Beispiel: Zum Einkochen von Süßkirschen wird eine 25%ige Zuckerlösung benötigt.
Wie viel kg Lösung kann man mit 2 kg Zucker herstellen?

Gegeben: Prozentsatz = 25 %
Prozentwert = 2 kg

Gesucht: Grundwert ($\triangleq$ 100 %)

$$: 25 \left\{ \begin{array}{c} 25\,\% \triangleq 2\ \text{kg} \\ 1\,\% \triangleq \dfrac{2}{25}\ \text{kg} \\ 100\,\% \triangleq \dfrac{2 \cdot 100}{25}\ \text{kg} = 8\ \text{kg} \end{array} \right\} : 25 \cdot 100$$

oder kürzer

$$\cdot 4 \left\{ \begin{array}{c} 25\,\% \triangleq 2\ \text{kg} \\ 100\,\% \triangleq 8\ \text{kg} \end{array} \right\} \cdot 4$$

Antwort: Mit 2 kg Zucker kann man 8 kg Lösung herstellen.

42 Herr Schmidt zahlt monatlich 8,67 € Kirchensteuer, das sind 9 % der Lohnsteuer.

a) Wie viel € Lohnsteuer zahlt er monatlich?
b) Wie hoch ist sein monatlicher Bruttolohn, wenn er 12 % Lohnsteuer zahlt?

43 Beim Braten verliert Fleisch an Gewicht.

	Gewichts-verlust	Gewichts-verlust
a)	170 g	24 %
b)	320 g	28 %
c)	190 g	26 %
d)	240 g	27 %

Berechnen Sie jeweils das Gewicht des Fleisches vor dem Braten.

44 Beim Entsteinen einer bestimmten Menge Pfirsiche entsteht ein Abfall von 210 g, das sind 8 %.

a) Wie viel kg Pfirsiche wurden eingekauft?
b) Wie viel kg Pfirsichmarmelade können hergestellt werden?
(Für 1 kg Pfirsichmark benötigt man 1 kg Gelierzucker.)
c) Wie viel kg Pfirsiche müssten eingekauft werden, um 10 kg Pfirsichmarmelade herstellen zu können?

Gemischte Aufgaben zur Prozentrechnung

45 Wurst enthält unterschiedliche Fettmengen:
a) 150 g Blutwurst   66 g Fett
b) 250 g Fleischwurst   75 g Fett
c) 125 g Bierschinken   14 g Fett
d) 220 g Mettwurst   80 g Fett
e) 170 g Salami   56 g Fett

Wie viel % Fett enthalten die einzelnen Sorten?

46 In einem Großbetrieb mit 6000 Arbeitnehmern (davon 55 % Männer) wurde eine Reihenuntersuchung durchgeführt. Bei 6 % der Männer und 12 % der Frauen wurde eine Sehschwäche festgestellt.

Wie viele Männer und wie viele Frauen des Betriebs haben eine Sehschwäche?

 47 Bei der Verwendung von Tiefkühlkost spart man 60 % Arbeitszeit ein.

Zubereitung einer Mahlzeit	Arbeitszeit in min	%
aus frischen Lebensmitteln	?–?	100
aus Tiefkühlkost	6–27	40
Zeitgewinn und Arbeitsersparnis	?	60

a) Lesen Sie aus der Tabelle ab, wie viel Minuten man bei der Zubereitung einer Mahlzeit aus Tiefkühlkost braucht.
b) Wie viel Zeit benötigt man bei der Verwendung von frischen Lebensmitteln?
c) Wie viel Minuten spart man bei der Verwendung von Tiefkühlkost ein?

48 Wegen Umbauarbeiten gewährt ein Bekleidungsgeschäft auf Blusen, Pullover, Röcke und Hosen einen Preisnachlass von jeweils 30,00 €.

Ursprünglich kosteten:
Blusen   42,50 €
Sommerröcke   64,90 €
Pullover   53,80 €
Leinenhosen   78,90 €
Winterröcke   67,50 €
Wollhosen   95,80 €

Berechnen Sie jeweils den prozentualen Preisnachlass und den herabgesetzten Preis.

 49 Ein Damenbikini kostet heute 12,00 €. Jedes Jahr verteuert er sich um 3,5 %.

Wie viel € kostet er nach 20 Jahren, nach 40 Jahren, nach 60 Jahren usw., nach 200 Jahren?

Fertigen Sie zunächst eine Tabelle für die Jahre 1, 2, 3, ..., 19, 20 an.

Runden Sie den Preis nach 20 Jahren auf € genau!

Was stellen Sie im Vergleich zum Ausgangspreis fest?

Fertigen Sie nun eine Tabelle für die Jahre 20, 40, 60, ..., 180, 200 an.

Damen-Bikini
schwarz, rot oder grün
12.- €

16. Haushaltsplan, Haushaltsbuch

Monika hat ihre Ausbildung beendet. Sie hat eine Stelle gefunden und verdient nun 1200,00 € netto. Damit sie mit dem Geld auskommt, stellt sie sich einen Plan auf.

Einen solchen Plan nennt man

| Haushaltsplan |

1 Rechnen Sie die noch fehlenden Prozentsätze in Monikas Haushaltsplan aus.

2 Wie viel Geld könnte Monika für Miete, Bekleidung, Schuhe, Nahrungsmittel und Getränke ausgeben, wenn ihr monatlich 200,00 € mehr zur Verfügung stehen würden? Verwenden Sie die gleichen Prozentsätze wie in der Tabelle.

Voraussichtliche Ausgaben	€	%
Miete	350	29,2
Nahrungsmittel, Getränke	150	?
Verkehr	100	?
Telefon, Post	40	?
Bildung, Unterhaltung, Freizeit	150	?
Möbel, Haushaltsgeräte	75	?
Bekleidung, Schuhe	70	?
Energie	60	?
Gesundheit, Körperpflege	55	?
Sparen	150	?
Ausgaben insgesamt	**1200**	**100**

Haushaltstagebuch *September*

Tag	Art der Ausgabe	€
1.	Obst, Gemüse	12,50
	Bäcker	3,20
2.	Zeitschrift	2,20
	Miete	350,–
	Briefmarken	5,60
3.	Strom	45,–
	Cola in Diskothek	6,–
	Rundfunkgebühren	16,25
6.	Monatskarte Bus	12,–
	Supermarkt	40,40
10.	Essenmarken Kantine	24,–
	Sprudel (Kasten)	4,40
	Kino	7,50
14.	Seife, Shampoo	12,50
	Markteinkäufe	9,80
	Fleischerei	7,60
15.	Pullover	35,90
	Schuhe besohlen	12,90
19.	Konditorei	6,80
	Reinigung	8,20
22.	Supermarkt	24,30
	Diskothek	9,–
	Telefon	35,–
23.	Geburtstagsgeschenk	14,70
	Putzmittel	11,80
	Bäcker	4,80
25.	2 Taschenbücher	12,50
	1 Paar Schuhe	65,–
	Strümpfe	8,90
27.	Käse, Milch	5,60
	Essensmarken	24,–
	Creme, Toilettenpapier	9,70
28.	Kino	8,–
29.	Äpfel, Orangen	6,50
	Bäckerei	3,80
	Supermarkt	18,33
	Restaurant	14,50
30.	500 g Kaffee	3,50

Monika muss versuchen, mit den in ihrem Haushaltsplan angesetzten Beträgen auszukommen.

Sie legt ein Tagebuch an, in das sie alle Ausgaben der Reihe nach einträgt. Damit sie nichts vergisst, muss sie alle Kassenzettel und Quittungen aufheben. Nach diesen Belegen überträgt sie dann alle Ausgaben in ihr

| Haushaltsbuch | .

Um festzustellen, wie viel sie für die einzelnen Bereiche ausgibt, ordnet Monika die Ausgaben entsprechend: Ernährung, Kleidung usw. Unter Wohnungsausgaben zählen z. B. Miete, Heizung, Strom, aber auch Telefon und Putzmittel.

3 Zeichnen Sie nach dem folgenden Muster eines

| Haushaltsbuchs |

eine Tabelle (siehe S. 60) in Ihr Heft und tragen Sie die nebenstehenden Ausgaben ein.
Nehmen Sie dazu Ihr Heft quer!

4 Wie viel € hat Monika im September jeweils für die Posten Wohnung, Ernährung, Genussmittel, Kleidung, Körper- und Gesundheitspflege, Bildung, Fahrgeld und Sonstiges ausgegeben?

5 Am 1. September bekam Monika 1200,00 € Vergütung, außerdem schenkte ihre Großmutter ihr noch 50,00 € zu ihrem Geburtstag am 19. September.
Verbuchen Sie diese Einnahmen und stellen Sie fest, ob Monika im September mit ihrem Geld ausgekommen ist.

6 Legen Sie ein Haushaltsbuch an. Schreiben Sie Ihre täglichen Einnahmen und Ausgaben eine Woche lang auf.
Überlegen Sie in der Klasse, wo Sie etwas einsparen könnten.

Haushaltsbuch von Monika

Datum	Bezeichnung	Ein-nahmen €	Kassen-bestand €	Ausgaben						
				Woh-nung €	Ernäh-rung €	Beklei-dung €	Gesund-heit Körper-pflege €	Freizeit Bildung Unter-haltung €	Fahr-geld Auto €	Sons-tiges
01.09.	Vergütung	☐	☐							
	Obst, Gemüse		☐		☐					
	Bäcker		☐		☐					
02.09.	Zeitschrift		☐					☐		
	Miete		☐	☐						
	Briefmarken		☐							☐
03.09.	Strom		☐	☐						

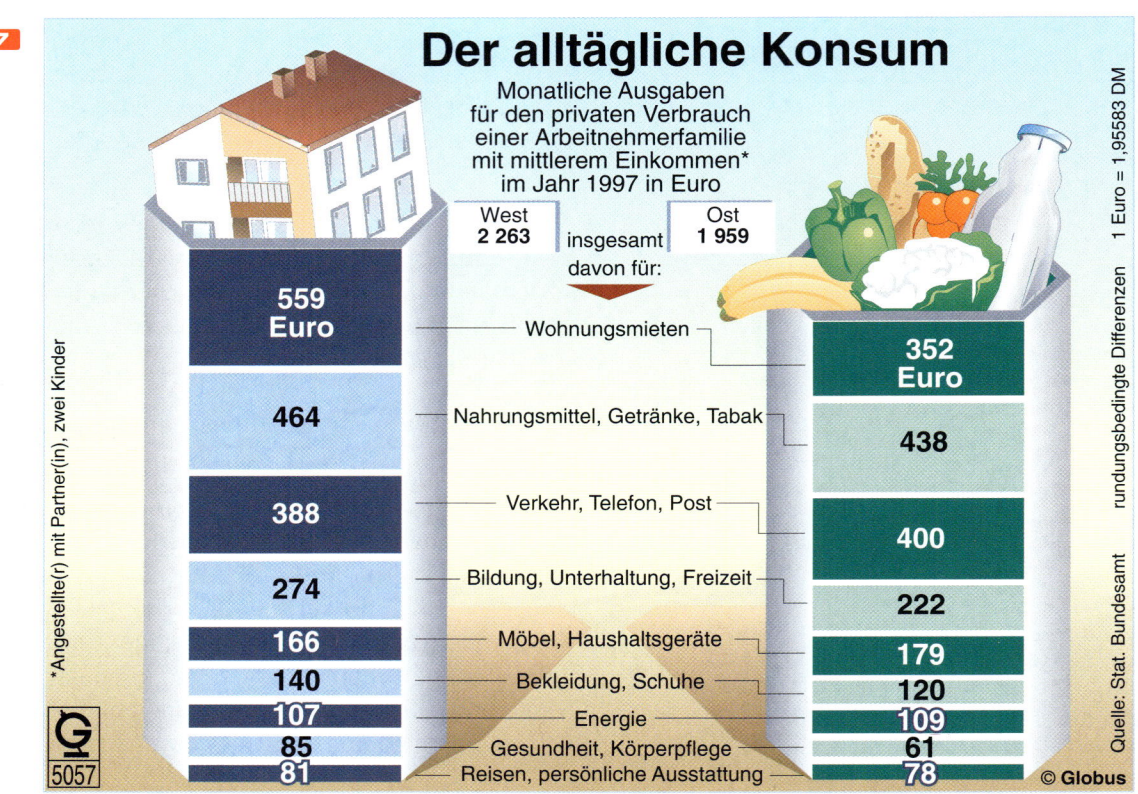

Der alltägliche Konsum

Monatliche Ausgaben für den privaten Verbrauch einer Arbeitnehmerfamilie mit mittlerem Einkommen* im Jahr 1997 in Euro

| West 2 263 | insgesamt | Ost 1 959 |

davon für:

1 Euro = 1,95583 DM

*Angestellte(r) mit Partner(in), zwei Kinder

West		Ost
559 Euro	Wohnungsmieten	352 Euro
464	Nahrungsmittel, Getränke, Tabak	438
388	Verkehr, Telefon, Post	400
274	Bildung, Unterhaltung, Freizeit	222
166	Möbel, Haushaltsgeräte	179
140	Bekleidung, Schuhe	120
107	Energie	109
85	Gesundheit, Körperpflege	61
81	Reisen, persönliche Ausstattung	78

5057

rundungsbedingte Differenzen

Quelle: Stat. Bundesamt

© Globus

a) Erklären Sie die Grafik über die alltäglichen Ausgaben.
   Folgende Fragen sollen Ihnen dabei helfen:
   • Auf welche Haushaltsgröße und auf welchen Zeitraum beziehen sich die angegebenen Ausgaben?
   • Was bedeutet „West 2263 EURO" und „Ost 1959 EURO"?
   • Wie viel Geld wird monatlich für Mieten, Nahrungsmittel und Verkehr einerseits im Westen und andererseits im Osten Deutschlands ausgegeben?

b) Berechnen Sie die Ausgaben für Mieten, Nahrungsmittel usw. in Prozent, für den Westen und für den Osten.

c) Wo sind die größten Unterschiede zwischen Haushalten im Westen und Haushalten im Osten? Diskutieren Sie die Ergebnisse in der Klasse.

d) In dem Posten „Verkehr, Telefon, Post" sind auch die Ausgaben für das Auto enthalten. Sie betragen 78%, bezogen auf diesen Posten. Berechnen Sie, wie viel Geld im Westen und im Osten Deutschlands für Autos ausgegeben wird.

17. Zinsrechnen

Beispiel 1: Für ein Sparguthaben von 200,00 € erhalten Sie nach einem Jahr 10,00 € Zinsen (Zinssatz 5 %).
5 % von 200,00 € sind 10,00 €.

Prozentrechnen mit Geldwerten nennt man auch **Zinsrechnen.**

Beispiel 1	Prozent-rechnen	Zins-rechnen
200,00 € 10,00 € 5 %	Grundwert Prozentwert Prozentsatz	Kapital Jahreszinsen Zinssatz

Für die Begriffe, die Sie aus der Prozentrechnung kennen, werden in der Zinsrechnung eigene Worte benutzt. Das Wort „Jahreszinsen" verwendet man, wenn die Verzinsung ein Jahr dauert.

1 Monika hat auf ihrem Sparbuch 780,00 € angespart.

Wie viel € erhält sie nach einem Jahr, wenn ein Zinssatz von 3,5 % vereinbart ist?

2 Beate eröffnet bei einer Bank ein Sparkonto.
Sie zahlt 200,00 € ein und erhält 3 % Zinsen.

a) Wie hoch ist ihr Guthaben nach einem Jahr?
b) Wie hoch ist ihr Guthaben nach zwei Jahren?

3 Drei Freundinnen vergleichen ihre Sparguthaben. Es wird gerätselt, wer wohl die meisten Zinsen für ein Jahr erhält.
Paula hat ein Guthaben von 2043,00 €; sie erhält $3\frac{1}{2}$ % Zinsen.
Anja sparte 1864,00 € zu 4,5 % Zinsen.
Nena hat mit 3002,00 € am meisten gespart; ihre Bank gibt ihr 3 % Zinsen.

Berechnen Sie für jedes Mädchen die Jahreszinsen.

4 Bei einem Ratenzahlungsvertrag über 3420,00 € vereinbaren Sie, dass die Jahreszinsen 9,6 % betragen sollen.
Die Tilgung erfolgt in 3 Jahresraten.

a) Welche Rate müssen Sie jedes Jahr zahlen?
b) Welche Zinsen müssen Sie im ersten Jahr, im zweiten Jahr und im dritten Jahr zahlen?
c) Wie viel Zinsen zahlen Sie insgesamt?

5 Ein Sparer erhielt in drei Jahren bei einem Zinssatz von 4 % insgesamt 144,00 € Zinsen. Am Ende eines jeden Jahres hob er die Zinsen von seinem Konto ab.

a) Welchen Betrag hatte der Sparer vor 3 Jahren auf seinem Sparbuch?
b) In den nächsten Jahren will der Sparer die jeweils erhaltenen Zinsen **nicht** abheben. Wie viele Jahre muss er nun warten, bis sein Sparguthaben auf über 1800,00 € angewachsen ist? Legen Sie sich eine Tabelle an.

Beispiel 2: Sie eröffnen am 23. Februar ein Sparkonto und zahlen 580,00 € ein.
Wie viel € werden Ihnen ausgezahlt, wenn Sie am 26. Juli desselben Jahres Ihr Sparbuch wieder auflösen (Zinssatz 4,5 %)?

Dauert die Verzinsung nicht ein volles Jahr, so muss die Zeit berücksichtigt werden. Wird das Geld kürzer als ein Jahr verzinst, gilt folgende Vereinbarung: Für ein halbes Jahr gibt es die Hälfte der Jahreszinsen, für ein Dritteljahr ein Drittel der Jahreszinsen usw.

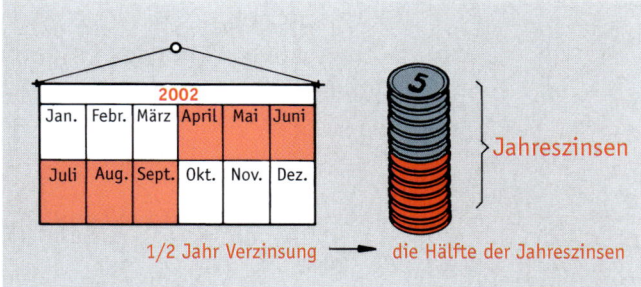

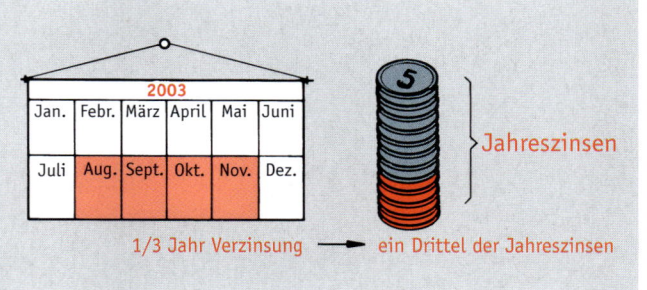

Die Anzahl der Zinstage wird für **jeden Monat** mit **30 Tagen,** für **jedes Jahr** mit **360 Tagen** berechnet. Der erste Tag wird nicht mitgezählt, wohl aber der letzte Tag. (Es gibt auch Fälle, in denen Banken die Zinsen auf den Tag genau berechnen.)

Berechnung der Zinstage für **Beispiel 2:**	23. Februar (wird **nicht** mitgezählt) bis „30. Februar":	7 Tage
	März bis Juni (4 Monate zu 30 Tagen):	120 Tage
	1. Juli bis 26. Juli (wird mitgezählt):	26 Tage
	insgesamt:	153 Tage

Ausführliche Lösung:

Für 100 € erhalten Sie nach 360 Tagen 4,50 € Zinsen.

Für 1 € erhalten Sie nach 360 Tagen $\frac{4,50}{100}$ € Zinsen.

Für 580 € erhalten Sie nach 360 Tagen $\frac{4,50 \cdot 580}{100}$ € Zinsen.

Für 580 € erhalten Sie nach 1 Tag $\frac{4,50 \cdot 580}{100 \cdot 360}$ € Zinsen.

Für 580 € erhalten Sie nach 153 Tagen $\frac{4,50 \cdot 580 \cdot 153}{100 \cdot 360}$ € Zinsen.

Nebenrechnung: $\frac{4,5 \cdot 580 \cdot 153}{100 \cdot 360} = 11,0925 \approx 11,09; \quad 580 + 11,09 = 591,09$

Antwort: Einschließlich Zinsen werden 591,09 € ausgezahlt.

---

6 Ein Sparer zahlt 1080,00 € auf sein Konto ein. Nach 166 Zinstagen lässt er sich das Sparguthaben einschließlich Zinsen auszahlen.

Welchen Betrag erhält er bei einem Zinssatz von 3,5 % ausbezahlt?

7 Karl Huber zahlt am 12. Januar 658,00 € bei der Sparkasse ein, und am 3. November desselben Jahres hebt er den gesamten Betrag wieder ab.

Berechnen Sie die Zinsen bei einem Zinssatz von $3\,^3/_4$ %.

8 Am 31. 12. 2003 hatten Sie einen Betrag von 350,00 € auf Ihrem Sparkonto.

a) Wie viel € erhalten Sie von der Sparkasse, einschließlich Zinsen von 3 %, wenn Sie heute alles abheben?
Stellen Sie eine Tabelle auf, in der jedes Jahr berücksichtigt wird.

b) Wie viel € würden Sie heute bei einem Zinssatz von 3,5 % abheben können?

Beispiel 3: Onkel Hans möchte seinem Patenkind ein Sparkonto anlegen. Es soll nach 100 Tagen bei einem Zinssatz von 5 % 50,00 € Zinsen erbringen.
Wie viel € muss Onkel Hans einzahlen?

Lösung mithilfe einer Tabelle:

Bei gleichbleibenden Zinsen stehen Kapital und Anzahl der Zinstage im umgekehrten Verhältnis.

Antwort: Onkel Hans muss 3 600,00 € einzahlen.

9 Anita legt sich ein Sparkonto an.
Wie viel € muss sie einzahlen, damit sie sich nach 200 Tagen bei einem Zinssatz von 4 % einschließlich Zinsen 100,00 € auszahlen lassen kann?

10 Heinz Schmidt holt sich von der Sparkasse einen Kredit. Vom 8. März bis 4. September zahlt er bei einem Zinssatz von 9,5 % Zinsen in Höhe von 326,35 €.
Wie hoch war sein Kredit?

Beispiel 4: Ehepaar Huber hat einen Kredit in Höhe von 25 000,00 € aufgenommen. Die monatlichen Zinsen betragen 156,25 €.
Welcher Zinssatz liegt hierbei zugrunde?

Lösung mithilfe einer Tabelle:

	Zinsen	Zeitdauer	Zinssatz
: 25 000	25 000,00 €	12 Monate	100 % · 25 000
· 156,25	1,00 €	12 Monate	$\frac{100}{25\,000}$ % · 156,25
	156,25 €	12 Monate : 12	$\frac{100 \cdot 156,25}{25\,000}$ % · 12
	156,25 €	1 Monat	$\frac{100 \cdot 156,25 \cdot 12}{25\,000}$ %

Bei gleichbleibenden Zinsen stehen Zeitdauer und Zinssatz im umgekehrten Verhältnis.

Nebenrechnung: $\frac{100 \cdot 156,25 \cdot 12}{25\,000} = 7,5$ **Antwort:** Es wurde ein Zinssatz von 7,5 % vereinbart.

---

11 Um ein Auto kaufen zu können, haben Sie einen Kredit von 7 500,00 € aufgenommen. Zusätzlich zur Tilgung (jeden Monat 312,50 €) müssen Sie monatlich 59,38 € Zinsen zahlen.
Zu welchem Zinssatz haben Sie den Kredit aufgenommen?

12 Um einen Kredit von 1 635,00 € zu tilgen, muss Karl Huber bei einer Laufzeit von 6 $\frac{1}{2}$ Monaten außer der Tilgung noch Zinsen in Höhe von 100,00 € zahlen.
Welchen Zinssatz hat die Bank zugrunde gelegt?

13 Marita und Markus möchten eine Kücheneinrichtung für 2 280,00 € kaufen. Sie besitzen keine Ersparnisse, könnten aber während der nächsten 14 Monate jeden Monat etwa 180,00 € aufbringen. Der Händler schlägt ihnen vor, eine Anzahlung von 180,00 € zu leisten und die restlichen 2 100,00 € in 14 monatlichen Raten zu zahlen, die erste Rate nach einem Monat. Bei der Berechnung der Raten will der Händler die Restschuld von 2 100,00 € mit 0,5 % **pro Monat** über die gesamte Laufzeit von 14 Monaten verzinsen.
a) Wie hoch ist die monatliche Rate?
b) Der Händler sagt, dass diese Ratenzahlung einem **effektiven Zinssatz** von 11,7 % (pro Jahr) entspricht. Stimmt diese Angabe?

Faustformel zur Berechnung des effektiven Zinssatzes:

effektiver Zinssatz ≈ 24 · nominaler Zinssatz pro Monat

(Der effektive Zinssatz gibt die tatsächliche Belastung des Kreditnehmers wieder. Im Beispiel beträgt der nominale Zinssatz 0,5 %.)

14 Karl Huber hat zum 1.1.2004 für den Bau seines Hauses eine Hypothek in Höhe von 50 000,00 € aufgenommen.
Konditionen: 1 % Tilgung jährlich; Zinsen 6 %; monatliche Rückzahlung für Zinsen und Tilgung: 291,67 €. Die Zinsen werden vierteljährlich von den jeweils noch vorhandenen Schulden berechnet.
Wie hoch sind die Schulden nach 5 Jahren?

Stellen Sie eine Tabelle auf.

Quartal	Schuld am Anfang des Quartals	Einzahlung für 3 Monate	Zinsen	Schuld am Ende des Quartals
1. Quartal 2004	50 000,00 €	875,01 €	?	?
2. Quartal 2004	?	?	?	?

18. Strom- und Wasserverbrauch

1 kWh kostet 0,14 €

1 m³ Wasser (mit Kanal-gebühren) kostet 4,40 €

 **1200 W
230 V ~**

Auf jedem elektrischen Gerät befindet sich ein Leistungs-schild. Darauf ist u. a. die Wattzahl angegeben.

Die Wattzahl auf Elektrogeräten gibt die elektrische Leistung an.

1200 Watt bedeutet:
Das Bügeleisen hat eine elektrische Leistung von 1200 Watt.

1000 Watt (W) = 1 Kilowatt (KW)

Marianne bügelt 2 Stunden lang Bettwäsche und Geschirr-tücher aus Baumwolle bei höchster Einstellung (ohne Ab-schaltung der Stromzufuhr).
1200 Watt (W) · 2 Stunden (h) = 2400 Wattstunden (Wh)
2400 Wattstunden (Wh) = 2,4 Kilowattstunden (kWh)

1000 Wattstunden (Wh) = 1 Kilowattstunde (kWh)

Marianne verbraucht 2,4 kWh elektrische Energie.

1 Wandeln Sie in kW um:

a) Glühlampe 60 W
b) Glühlampe 100 W
c) Radio 80 W
d) Fernseher 230 W
e) Föhn 400 W
f) Waschmaschine 3200 W

2 Wie viel Wh (kWh) verbrauchen:

a) eine Glühlampe (100 W) in 3 Stunden,
b) eine Radio (100 W) in 2,5 Stunden,
c) ein Föhn (800 W) in 15 Minuten,
d) ein Bügeleisen (1200 W) in einer halben Stunde,
e) ein Waffelautomat (850 W) in 50 Minuten,
f) ein Wasserkocher (2200 W) in 5 Minuten,
g) ein Handrührgerät (240 W) in 10 Minuten?

3 Wie viel € kosten die 2,4 kWh, die Marianne beim Bügeln verbraucht?

4 Übertragen Sie die folgende Tabelle in Ihr Heft, berechnen Sie den Energieverbrauch in kWh und ermitteln Sie die Kosten in €.

Gerät	Watt	Betriebsdauer	kWh	Kosten in €
a) Bügeleisen	1400	45 min	?	?
b) Staubsauger	900	25 min	?	?
c) Joghurtgerät	24	11 h	?	?
d) Eierkocher	350	10 min	?	?

5

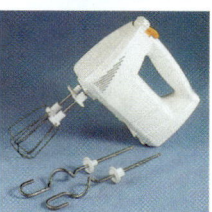

Kaffeeautomaten werden mit einer Leistung von 500 bis 1100 Watt angeboten, Handrührgeräte mit 160 bis 240 Watt und Haartrockner mit 500 bis 1600 Watt.

a) Vergleichen Sie die kWh und die Kosten bei den folgenden Geräten bei jeweils gleicher Betriebsdauer.

Gerät	Watt	Betriebsdauer	kWh	Kosten in €
Kaffeeautomat A	500	25 min	?	?
Kaffeeautomat B	800	25 min	?	?
Kaffeeautomat C	1100	25 min	?	?
Handrührgerät A	160	8 min	?	?
Handrührgerät B	240	8 min	?	?
Haartrockner A	600	6 min	?	?
Haartrockner B	1200	6 min	?	?

b) Berechnen Sie die jährlichen Kosten für die Kaffeeautomaten A, B und C bei einer durchschnittlichen Betriebsdauer von 25 min pro Tag.

6 Volker trinkt gern und viel Kaffee. Durchschnittlich kocht er drei Mal am Tag Kaffee. Sein Kaffeeautomat (800 W) ist jedesmal etwa 15 min eingeschaltet.

a) Wie viel kWh verbraucht Volker täglich?
b) Berechnen Sie den jährlichen Verbrauch und die jährlichen Stromkosten.

7 Bei Familie Huber brennen an einem Abend folgende Glühlampen:
a) 100 W (3 h)
b) 60 W (2,5 h)
c) 60 W (80 min)
d) 40 W (40 min)

Berechnen Sie den gesamten Energieverbrauch und die entstehenden Stromkosten.

8 An einem Nachmittag hat Sabine folgende Geräte in Betrieb:
a) das Handrührgerät (160 W) 5 min,
b) den Kaffeeautomaten (750 W) 10 min,
c) das Radio (70 W) 1 h 20 min.

Berechnen Sie den gesamten Energieverbrauch und die entstehenden Stromkosten.

9 Durchschnittlicher Jahresstromverbrauch bei Ein- bis Vierpersonenhaushalten

a) Errechnen Sie den durchschnittlichen Stromverbrauch und die Stromkosten in den vier Haushaltsarten.
b) Ermitteln Sie den Jahresstromverbrauch – entsprechend Ihrer Geräteausstattung – in Ihrem Haushalt.
c) Berechnen Sie Ihre jährlichen Stromkosten und vergleichen Sie Verbrauch und Kosten mit Ihrer letzten Jahresabrechnung.

Haushalts-geräte	Haushalt	Haushalt	Haushalt	Haushalt
Elektroherd	220 kWh	415 kWh	475 kWh	600 kWh
Kühlschrank	305 kWh	350 kWh	375 kWh	410 kWh
Gefriergerät	320 kWh	380 kWh	440 kWh	440 kWh
Waschmaschine	90 kWh	170 kWh	250 kWh	320 kWh
Wäschetrockner	145 kWh	245 kWh	350 kWh	470 kWh
Geschirrspül-maschine	150 kWh	220 kWh	320 kWh	390 kWh
Beleuchtung	230 kWh	340 kWh	405 kWh	470 kWh
Warmwasser	720 kWh	1080 kWh	1450 kWh	1830 kWh
Fernseher	120 kWh	155 kWh	190 kWh	200 kWh
Sonstiges (Kleingeräte)	260 kWh	450 kWh	630 kWh	690 kWh

Jahresrechnung

Stromlieferung
gem. § 10 EnWG nach Allgemeinem Tarif

Familie Schneider

	Zeitraum	Preis	Betrag EUR
Zähler Nr.6502023			
Zählerstand am 25.02.2002 52.908			
Zählerstand am 07.04.2003 59.894			
Unterschied	407 Tage		
Strombezug			
bis 14.09.2002 3.467 kWh		10,83 Ct/kWh	? €
bis 31.12.2002 1.854 kWh		11,38 Ct/kWh	? €
bis 07.04.2003 1.665 kWh		11,63 Ct/kWh	? €
Verrechnungsentgelte:			
Drehstromzähler Nr.6502023	407 Tage	30,60 EUR/Jahr	? €
Entgelt			? €
Umsatzsteuer 26.02.2002 bis 07.04.2003: 16,00% Umsatzsteuer			? €
Rechnungsbetrag			? €

10 Familie Schneider hat ihre Rechnung für den verbrauchten Strom im Jahr 2002/2003 erhalten.

a) Vergleichen Sie die Zählerstände.
   Wie viel kWh hat die Familie zwischen dem 25.02.2002 und dem 07.04.2003 verbraucht?

b) In diesem Zeitraum hat sich der Strompreis zwei Mal erhöht.
   Berechnen Sie die drei Beträge jeweils gesondert.

c) Hinzu kommt die Grundgebühr (Verrechnungsentgelt). Sie beträgt 30,60 € für 365 Tage.
   Wie hoch ist die Grundgebühr für Familie Schneider bei einem Zeitraum von 407 Tagen?

d) Berechnen Sie das Entgelt.

e) Zu diesem Entgelt kommen noch 16 % Umsatzsteuer hinzu.
   Welchen Betrag muss Familie Schneider insgesamt für Strom in den vergangenen 407 Tagen bezahlen?

11 Im Vorjahr hat Familie Schneider für 360 Tage 6.091 kWh verbraucht.

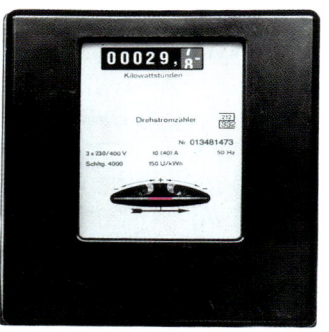

Vorjahresvergleich		
Vorjahr: 360 Tage		6.091 kWh
Lfd.Jahr: 407 Tage		6.986 kWh

a) Berechnen Sie den täglichen Stromverbrauch im Vorjahr und im laufenden Jahr.
b) Wie viel Strom hat Familie Schneider im laufenden Jahr mehr verbraucht? (365 Tage)
c) Wie teuer ist dieser Mehrverbrauch im Jahr?

12 Von 100 privaten Haushalten in Deutschland haben 92 eine **Waschmaschine,** 45 eine **Geschirrspülmaschine** und 29 einen **Wäschetrockner.** Diese Geräte verbrauchen u. a. Strom und Wasser.

Waschmaschine – Strom- und Wasserverbrauch

Programm	Beladen	Verbrauch		Kosten	
		Strom in kWh	Wasser in l	Strom €	Wasser €
Kochwäsche/Buntwäsche 95 °C	5,0 kg	1,70	49	?	?
60 °C	5,0 kg	0,95	49	?	?
40 °C	5,0 kg	0,55	49	?	?
Pflegeleicht 40 °C	2,5 kg	0,45	58	?	?
Feinwäsche 30 °C	1,0 kg	0,40	75	?	?
Wolle 30 °C	2,0 kg	0,23	35	?	?

a) Berechnen Sie für die einzelnen Programme die Strom- und Wasserkosten.

b) Informieren Sie sich (s. S. 65) über den durchschnittlichen Jahresstromverbrauch bei Ein- bis Vierpersonenhaushalten für die Waschmaschine. Wie oft könnte Buntwäsche 60 °C in Ein- bis Vierpersonenhaushalten im Jahr gewaschen werden?

c) Familie Schneider wäscht monatlich 8-mal Buntwäsche 60 °C, 8-mal Buntwäsche 40 °C, 6-mal Pflegeleichtwäsche 40 °C und 2-mal Wolle 30 °C. Wie hoch ist der Stromverbrauch und der Wasserverbrauch im Monat? Berechnen Sie außerdem die Kosten.

d) Berechnen Sie den jährlichen Stromverbrauch sowie die jährlichen Kosten und vergleichen Sie diese Werte mit dem durchschnittlichen Verbrauch eines Vierpersonenhaushalts.

13

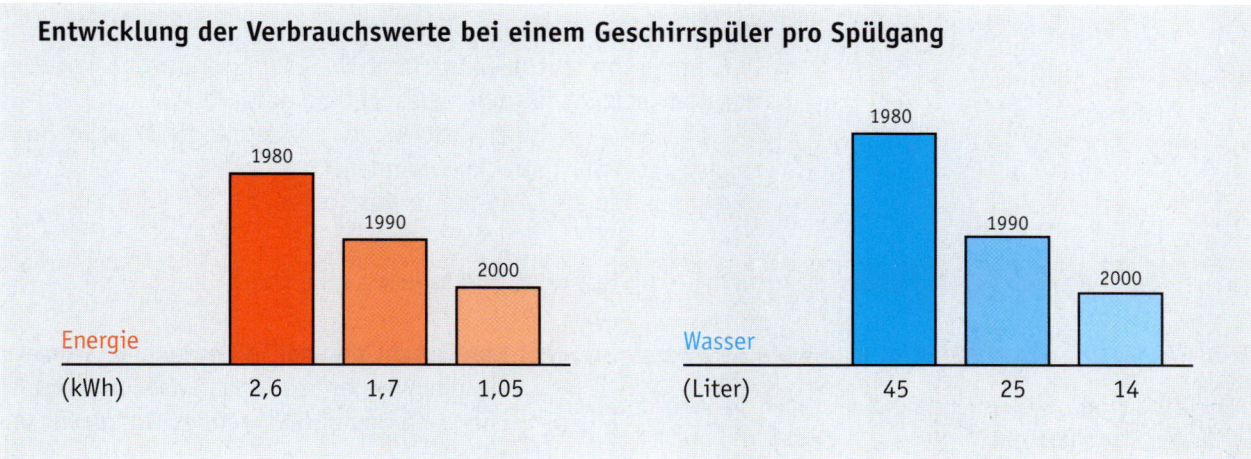

Entwicklung der Verbrauchswerte bei einem Geschirrspüler pro Spülgang

Im Vergleich zu 1980 verbrauchen Geschirrspüler heute ca. 60 % weniger Energie und ca. 70 % weniger Wasser.

a) Berechnen Sie den jährlichen Strom- und Wasserverbrauch im Jahre 1980, 1990 und im Jahre 2000. (Wir gehen von einem Spülgang pro Tag aus.)

b) Berechnen Sie die jährlichen Kosten für Strom und Wasser in den jeweiligen Jahren.

c) Wie viel € können im Vergleich zu 1980 pro Jahr eingespart werden?

14 Die Kosten für maschinelles Spülen setzen sich zusammen aus Anschaffungskosten, Kosten für Installation, Abschreibung (Wertminderung) und Instandhaltung. Zu diesen festen Kosten müssen die veränderlichen Kosten für Wasser, Strom, Reiniger, Klarspülmittel und Regeneriersalz hinzugerechnet werden, die in unterschiedlicher Höhe anfallen.

	Spülen von Hand 2 x täglich 50 °C	Spülen von Hand 3 x täglich 50 °C	Maschinelles Spülen Normalprogram 50 °C
Verbrauch: Wasser	40 l	60 l	14–19 l
Strom	2,0 kWh	3,0 kWh	1,05–1,4 kWh
Kosten: Wasser	?	?	?
Strom	?	?	?
Kosten: Spülmittel	0,02 €	0,03 €	0,13–0,16 €
Summe Kosten pro Tag:	?	?	?
Kosten pro Jahr:	?	?	?

a) Berechnen Sie die Wasser- und Stromkosten für das Spülen von Hand und das maschinelle Spülen. Berechnen Sie auch die gesamten Kosten pro Tag (einschließlich Spülmittel).
b) Wie hoch sind die Kosten jeweils in einem Jahr?

15

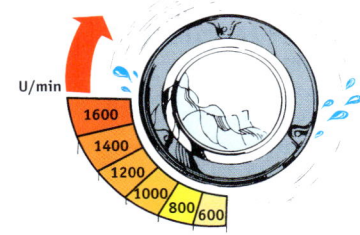

Stromverbrauch des Wäschetrockners im Programm „Baumwolle schranktrocken" in Abhängigkeit von der Restfeuchte der geschleuderten Wäsche (5 kg)

Die Restfeuchte, also der Anteil der Feuchtigkeit, den die Wäsche aus der Waschmaschine mitbringt, ist entscheidend für die Trocknungsdauer und somit für die Stromkosten bei einem Wäschetrockner.
Je höher die Schleuderdrehzahl der Waschmaschine, desto geringer ist die Restfeuchte und umso schneller ist die Wäsche trocken.

Schleuder-drehzahl	Rest-feuchte ca. %	Abluft-trockner kWh	€	Kondensations-trockner kWh	€
600	85	3,90	?	4,35	?
800	70	3,20	?	3,60	?
1000	60	2,70	?	3,10	?
1200	55	2,45	?	2,85	?
1400	50	2,25	?	2,60	?
1600	45	2,05	?	2,35	?

a) Berechnen Sie die Stromkosten.
b) Der durchschnittliche jährliche kWh-Verbrauch in einem 4-Personen-Haushalt beträgt für einen Wäschetrockner 470 kWh.
Wie oft kann bei einer Restfeuchte von 60 % die Wäsche im Ablufttrockner im Jahr getrocknet werden?
c) Berechnen Sie auch die jährlichen Kosten.

Wenn man 30 l Leitungswasser auf 37 °C erhitzt, benötigt man etwa eine kWh.

16 Für ein Duschbad benötigt man etwa 45 l Wasser.

Berechnen Sie den Energieverbrauch in kWh und die Stromkosten.

17 Für ein Wannenbad benötigt man 150 l Wasser.

a) Berechnen Sie den Energieverbrauch in kWh und die Stromkosten für ein Wannenbad.
b) Wie hoch wären die jährlichen Stromkosten, wenn pro Woche ein Wannenbad genommen würde?

18 Rita duscht dreimal in der Woche, einmal nimmt sie ein Wannenbad. Zusätzlich benötigt sie wöchentlich noch 100 l warmes Wasser für ihre Körperpflege.

Wie hoch sind ihre Stromkosten für das Erwärmen von Wasser
a) in der Woche,
b) im Jahr?

19. Wir schätzen und rechnen mit Längen

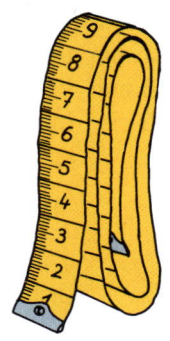

Länge	Abkürzung
Millimeter	mm
Zentimeter	cm
Dezimeter	dm
Meter	m
Kilometer	km

```
1 cm =    10 mm
1 dm =    10 cm
1 m  =    10 dm
1 km = 1000 m
```

1 Nennen Sie jeweils zwei Beispiele für Längen, die in mm, cm, dm, m oder km angegeben werden.

2 Schätzen Sie die Längen von Gegenständen im Klassenraum oder in der Küche. Überprüfen Sie Ihre Schätzungen durch Nachmessen.

3 Schätzen Sie jeweils: die Länge eines Feuerzeugs, eines Kulis, eines TR; die Höhe eines Zimmers; die Weltrekorde im Hochsprung und Stabhochsprung (für Frauen und Männer); die Breite eines Autos, einer Landstraße; die Länge eines Fußballfeldes; die Länge einer Runde im Stadion.

Jeder von uns muss Längenmaße kennen und sie umwandeln können.
Die folgende „Treppe" kann uns dabei helfen:

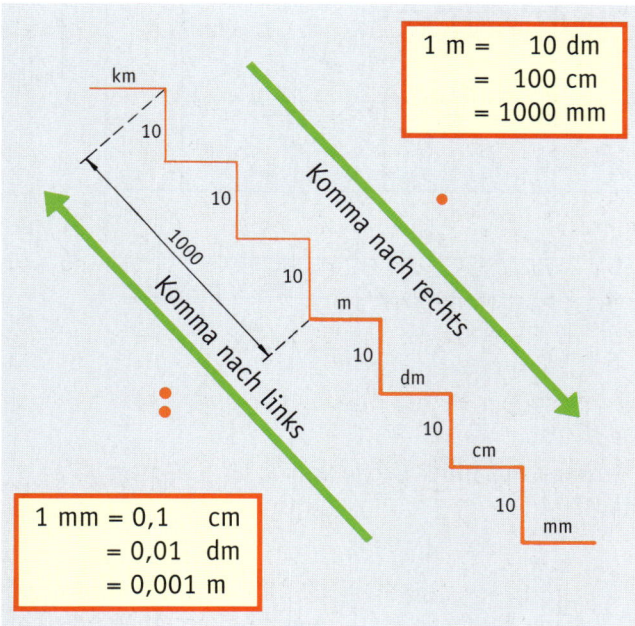

```
1 mm = 0,1   cm
     = 0,01  dm
     = 0,001 m
```

```
1 m =    10 dm
    =   100 cm
    = 1000 mm
```

Beispiele zur Benutzung der „Treppe":

① Umwandlung von 5 340 mm in m:

3 Stufen hoch bedeutet:
Komma um 3 Stellen nach links
(Division der Maßzahl durch 10 · 10 · 10 = 1000),
also 5340 mm = 5,34 m.

② Umwandlung von 7,48 m in cm:

2 Stufen runter bedeutet:
Komma um 2 Stellen nach rechts
(Multiplikation der Maßzahl mit 10 · 10 = 100),
also 7,48 m = 748 cm.

4 Wie weit in m ist es bis zur Station, zum Gipfel, zur Hütte?

Station 0,8 km
Gipfel 1,7 km

Hütte 0,9 km

5 Wandeln Sie um. Benutzen Sie dabei die „Treppe" als Hilfe!

a)			b)			c)			d)		
10,6	cm	in mm	10,8	cm	in dm	906	mm	in cm	44	m	in cm
12,4	dm	in mm	108	cm	in m	906	mm	in m	98	cm	in m
134,5	dm	in cm	4,5	cm	in dm	21	dm	in mm	10654	mm	in m
134,5	m	in dm	129	mm	in dm	1065	dm	in cm	425	mm	in cm
22,12	m	in cm	129	mm	in m	1065	mm	in dm	425	cm	in mm

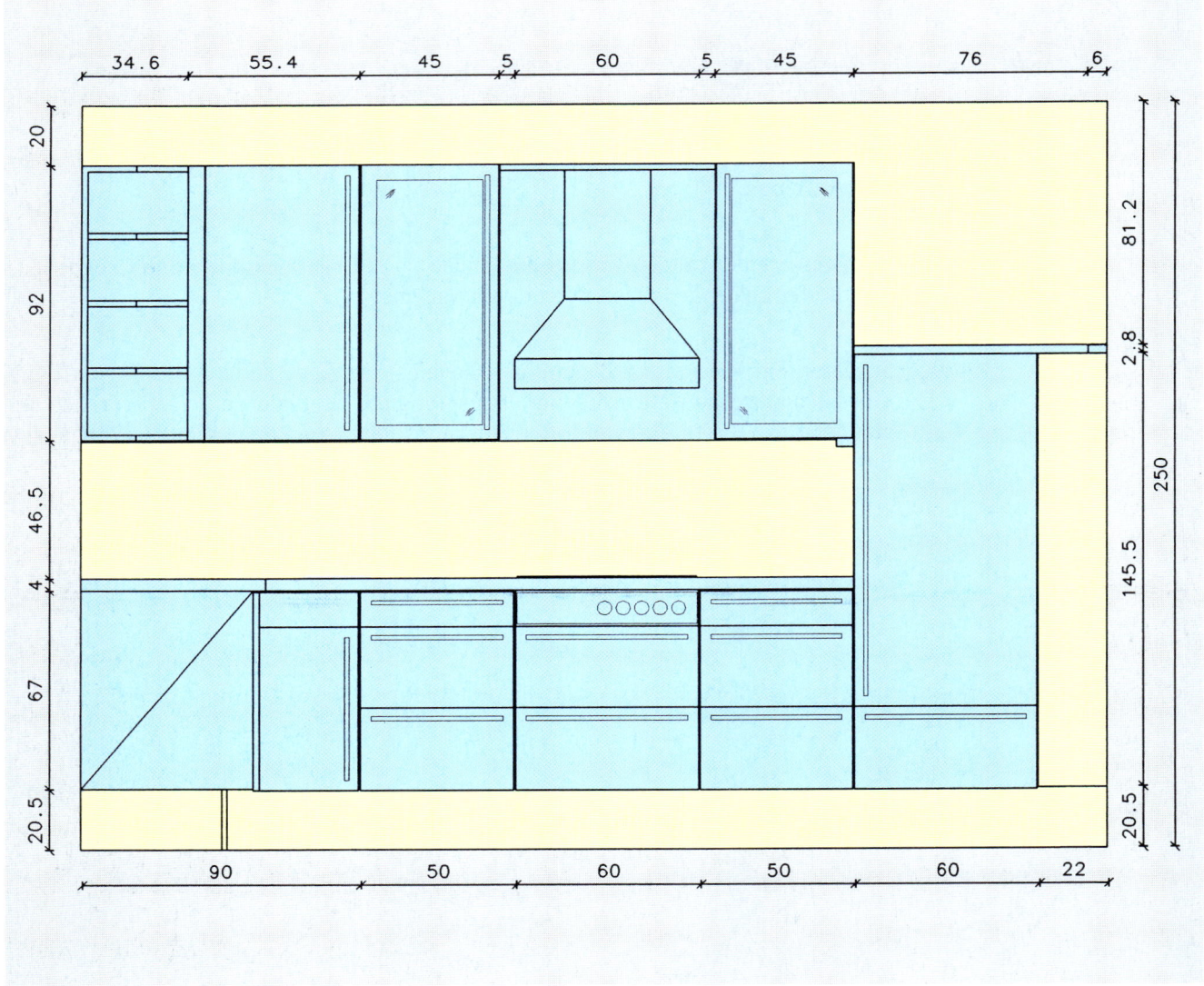

6 a) Überprüfen Sie, ob die Küchenmöbel genau für eine Wand mit einer Länge von 3,32 m passen.
   b) Für welche Zimmerhöhe ist diese Küchenzeile geplant?

7 Eine Verkäuferin misst Stoff ab: 4,40 m Wollstoff (1 m kostet 14,90 €), 3,75 m karierten Baumwollstoff (1 m kostet 6,50 €), 1,45 m Filz (1 m kostet 5,80 €) und 4,20 m Futterstoff (1 m kostet 2,85 €).

   a) Wie viel m Stoff misst sie insgesamt ab?
   b) Wie teuer sind die einzelnen Stoffe?
   c) Wie viel € kostet der gesamte Stoff?

8 Eine Raumausstatterin rechnet am Abend die verbrauchte Bleischnur für Gardinen ab. Sie hat folgende Längen notiert: 6,52 m; 3,08 m; 1,63 m; 1,22 m; 4,08 m; 1,75 m; 98 cm; 75 cm; 89 cm; 10,25 m; 3,36 m; 78 cm; 2,00 m; 3,50 m; 88 cm.

   a) Wie viel m verbrauchte sie an diesem Tag?
   b) Wie teuer ist die Bleischnur für den Kunden, wenn dieser 0,35 € für einen m bezahlen muss?

20. Grafische Darstellungen

1 a) In welchen Jahren (von 1995 bis 2000) wurden in Deutschland mehr Ausbildungsplätze angeboten als nachgefragt?

b) In welchem Jahr war der Unterschied zwischen Nachfrage und Angebot am größten?

c) Um wie viel % war in diesem Jahr die Nachfrage höher als das Angebot?

d) Um wie viel % war im Jahr 2000 das Angebot höher als die Nachfrage?

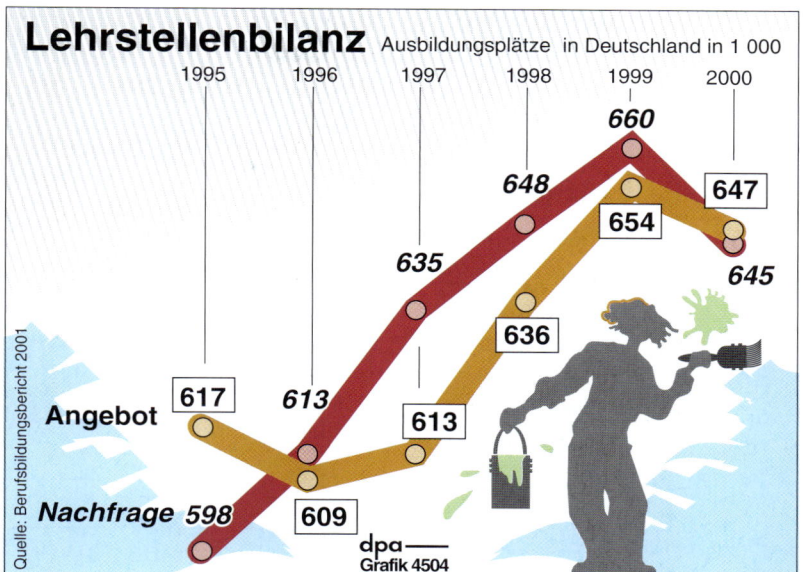

2 In der nebenstehenden Abbildung bedeutet die Angabe „+5 %", dass die Verbraucherpreise in Deutschland von 1991 bis 1992 um 5 % gestiegen sind.

a) Um wie viel % sind die Verbraucherpreise von 1992 bis 1993 gestiegen?

b) Andrea behauptet, die Verbraucherpreise seien von 1991 bis 1993 um 9,5 % gestiegen. Begründen Sie, warum Andreas Behauptung falsch ist.

c) Um wie viel % sind die Verbraucherpreise von 1991 bis 1994 gestiegen?

d) Um wie viel % sind die Verbraucherpreise von 1991 bis 2000 gestiegen?

e) Wie teuer war im Jahre 2000 ein Brötchen, wenn es im Jahre 1991 35 Pfennig kostete?

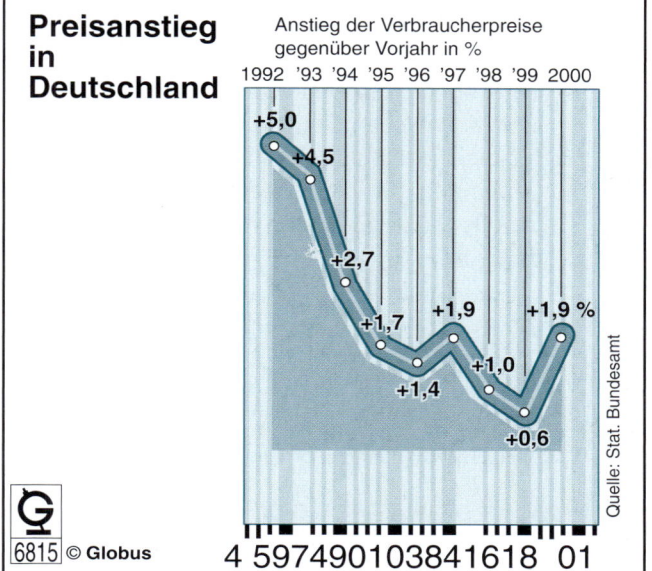

3 a) In Deutschland gibt es immer weniger Kinder.
Berechnen Sie, wie viel % der Ehepaare
– keine Kinder,
– ein Kind,
– vier oder mehr Kinder haben.

b) Wie hoch ist der Anteil in % der allein Erziehenden mit
– einem Kind,
– zwei Kindern an **allen** Haushalten (ohne Single-Haushalte)?

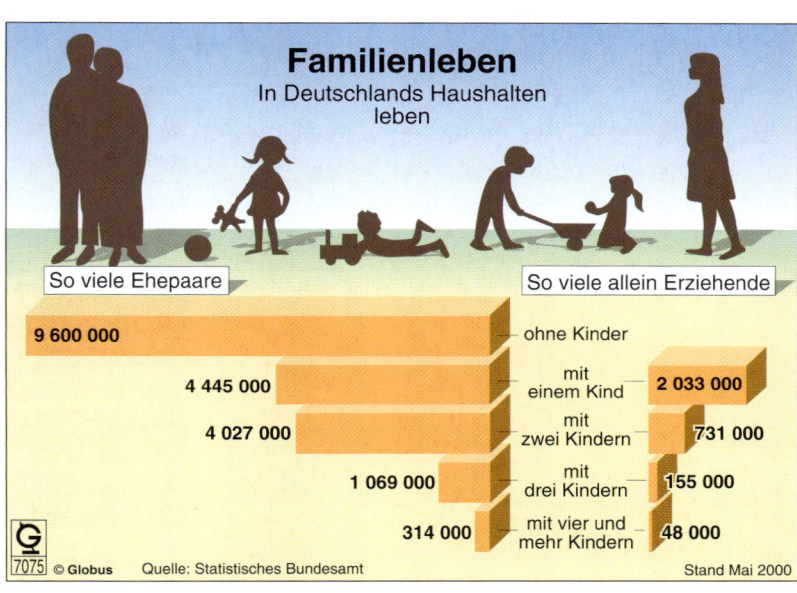

71

4 a) Erklären Sie die Angabe 10 %.

b) Ein Haushalt mit Elektroheizung verbrauchte in einem Jahr 10 400 kWh.
Wie viel kWh wurden zum Heizen, für Warmwasser, für Kühlen/Gefrieren, für Kochen/Backen und für Licht verbraucht?

c) Ein Haushalt verbrauchte in einem Jahr 800 kWh für die Warmwasserzubereitung.
Wie viel kWh verbrauchte dieser Haushalt vermutlich für die Erzeugung von Raumwärme?

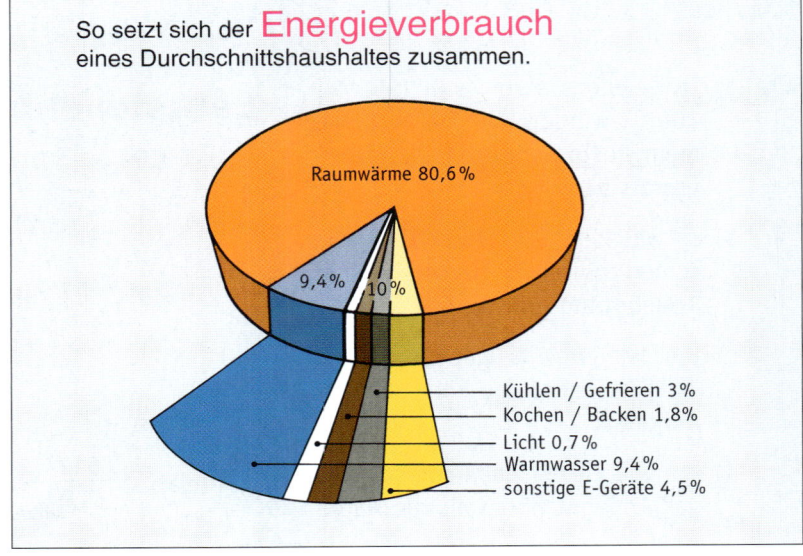

So setzt sich der Energieverbrauch eines Durchschnittshaushaltes zusammen.

Raumwärme 80,6 %
9,4 % 10 %
Kühlen / Gefrieren 3 %
Kochen / Backen 1,8 %
Licht 0,7 %
Warmwasser 9,4 %
sonstige E-Geräte 4,5 %

5 a) Fertigen Sie zwei Tabellen an (eine für die Stadt, eine für das Land) und tragen Sie ein, wie viel % der Erwerbstätigen welches Verkehrsmittel benutzen.

b) Berechnen Sie jeweils den Unterschied zwischen Stadt und Land für die einzelnen Verkehrsmittel. Geben Sie für die Unterschiede jeweils eine mögliche Begründung an.

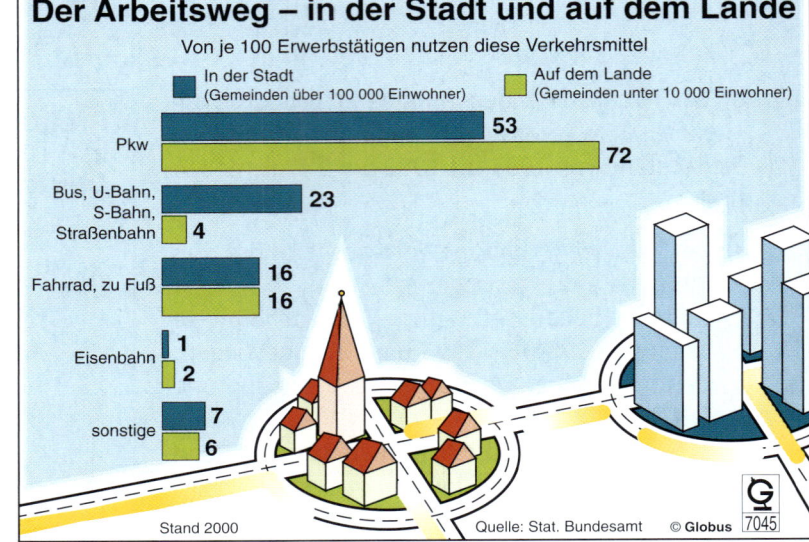

Der Arbeitsweg – in der Stadt und auf dem Lande

Von je 100 Erwerbstätigen nutzen diese Verkehrsmittel

In der Stadt (Gemeinden über 100 000 Einwohner)
Auf dem Lande (Gemeinden unter 10 000 Einwohner)

Verkehrsmittel	In der Stadt	Auf dem Lande
Pkw	53	72
Bus, U-Bahn, S-Bahn, Straßenbahn	23	4
Fahrrad, zu Fuß	16	16
Eisenbahn	1	2
sonstige	7	6

Stand 2000   Quelle: Stat. Bundesamt   © Globus 7045

6 Weil es immer hektischer zugeht, liegt Tiefkühlkost im Trend.

a) Berechnen Sie den jeweiligen Anstieg des Pro-Kopf-Verbrauchs von Tiefkühlkost in Deutschland von 1990–92, 1992–94 und so weiter (in kg).

b) Wie hoch war der Anstieg in kg von 1990 bis 2000 insgesamt? Ermitteln Sie diesen Anstieg auch in Prozent.

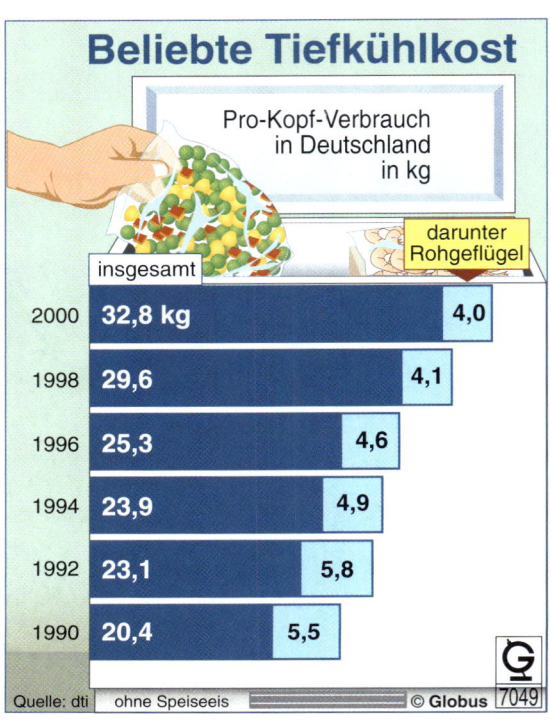

Beliebte Tiefkühlkost

Pro-Kopf-Verbrauch in Deutschland in kg

insgesamt   darunter Rohgeflügel

Jahr	insgesamt	darunter Rohgeflügel
2000	32,8 kg	4,0
1998	29,6	4,1
1996	25,3	4,6
1994	23,9	4,9
1992	23,1	5,8
1990	20,4	5,5

Quelle: dti   ohne Speiseeis   © Globus 7049

7 Die Körpertemperaturen eines gesunden Menschen schwanken im Laufe des Tages.

a) Schreiben Sie die Temperaturen von 2.00 Uhr beginnend bis 24.00 Uhr für jeweils jede zweite Stunde in Ihr Heft.

b) Zu welcher Zeit war die Temperatur am höchsten, wann am niedrigsten?

c) Von wann bis wann hat die Temperatur ständig zugenommen?

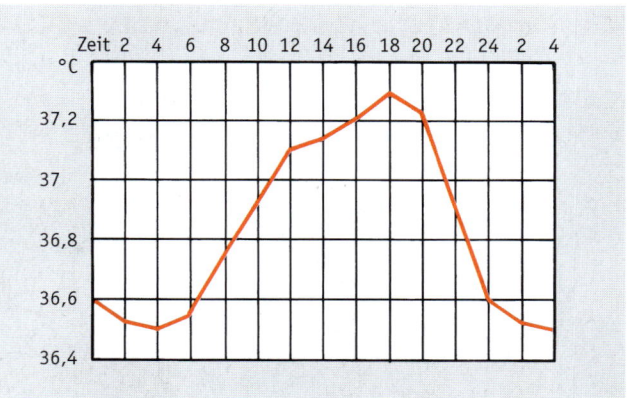

8 Frau Hahn misst die Körpertemperatur Ihres Kindes (8 Monate alt) um 18.00 Uhr. Das Thermometer zeigt 40,2 °C. Hat das Kind Fieber?

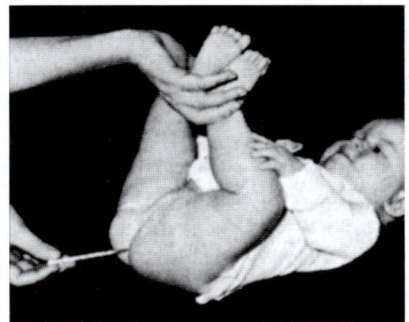

Frau Hahn holt den Arzt, der das schwerkranke Kind sofort in ein Krankenhaus einweist.

Dort notiert man folgende Werte:

Tag	morgens (m)	nachmittags (n)
16.5.	39,2 °C	39,5 °C
17.5.	39 °C	39,1 °C
18.5.	38,6 °C	38,8 °C
19.5.	37,9 °C	37,5 °C

Fertigen Sie ein Koordinatensystem nach folgendem Muster an und übertragen Sie die gemessenen Werte in die Zeichnung.

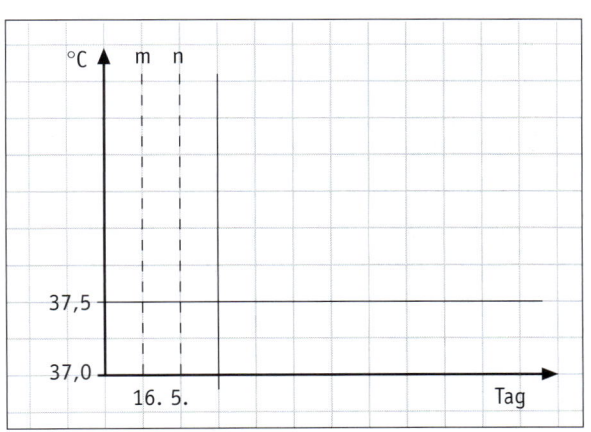

Grafische Darstellungen fertigt man am besten auf Millimeterpapier oder kariertem Papier an.

9 Marina will abnehmen. Sie notiert sich an jedem Sonntag ihr Morgengewicht.

1. Woche	72,0 kg	6. Woche	71,5 kg
2. Woche	71,5 kg	7. Woche	71,0 kg
3. Woche	71,5 kg	8. Woche	70,0 kg
4. Woche	71,0 kg	9. Woche	69,0 kg
5. Woche	72,0 kg	10. Woche	68,5 kg

Fertigen Sie ein Diagramm an.

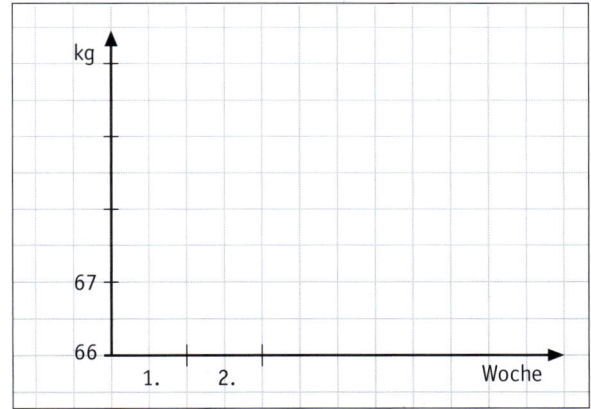

Eine Hilfe für Sie: Beginnen Sie bei 66 kg.
1 kg ≙ 1 cm
1 Woche ≙ 1 cm

10

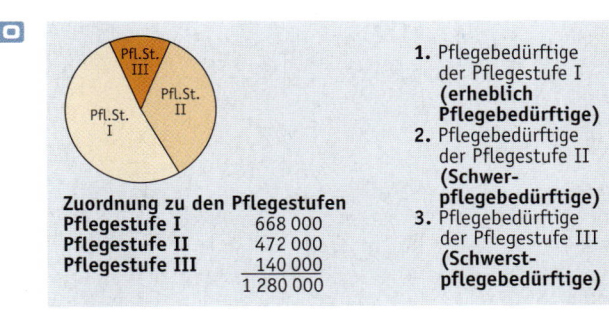

Zuordnung zu den Pflegestufen	
Pflegestufe I	668 000
Pflegestufe II	472 000
Pflegestufe III	140 000
	1 280 000

1. Pflegebedürftige der Pflegestufe I (erheblich Pflegebedürftige)
2. Pflegebedürftige der Pflegestufe II (Schwerpflegebedürftige)
3. Pflegebedürftige der Pflegestufe III (Schwerstpflegebedürftige)

Berechnen Sie den prozentualen Anteil der Pflegestufen I bis III.

21. Grundrisse und Maßstäbe

Silvia und Markus haben sich nach ihrer Eheschließung eine eigene Wohnung gesucht. Die Küche muss allerdings neu eingerichtet werden.

Sie skizzieren den Grundriss der Küche, um sich im Geschäft beraten zu lassen.

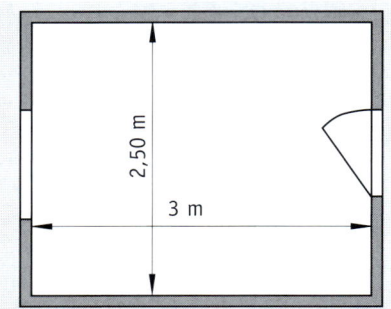

Weil es bei der Anfertigung einer Zeichnung in der Regel nicht möglich ist, die wirklichen Maße zu zeichnen, verkleinert man diese in einem bestimmten Verhältnis.

Dieses Verhältnis nennt man Maßstab .

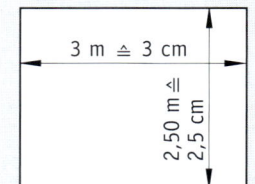

Maßstab 1:100

Die Küche ist 3 m lang.
Wir zeichnen sie zunächst im Maßstab 1:100.
Dieser Maßstab bedeutet: 1 cm in der Zeichnung entsprechen 100 cm in der Wirklichkeit.

3 m = 300 cm (das Dreifache von 100 cm)
300 cm in der Wirklichkeit ≙ 3 cm in der Zeichnung.

Wir können auch so rechnen:
300 cm : 100 = 3 cm.

Berechnung der Breite in der Zeichnung:
2,50 m = 250 cm; 250 cm : 100 = 2,5 cm.

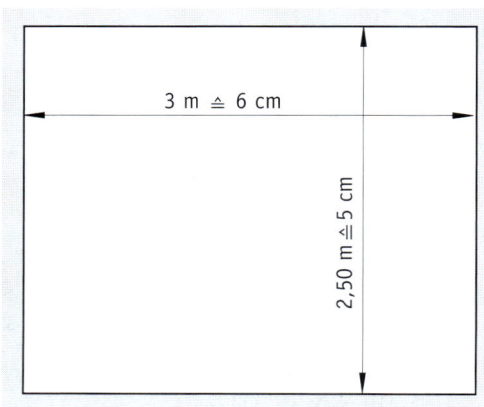

Maßstab
1:50

Die Küche ist 3 m lang.
Wir zeichnen sie nun im Maßstab 1:50.
Dieser Maßstab bedeutet: 1 cm in der Zeichnung entsprechen 50 cm in der Wirklichkeit.

3 m = 300 cm (das Sechsfache von 50 cm)
300 cm in der Wirklichkeit ≙ 6 cm in der Zeichnung.

Wir können auch so rechnen:
300 cm : 50 = 6 cm.

Berechnung der Breite in der Zeichnung:
2,50 m = 250 cm; 250 cm : 50 = 5 cm.

1 Zeichnen Sie jeweils eine Strecke der angegebenen Länge im verlangten Maßstab.

a) 6 m, Maßstab 1:100

b) 12 m, Maßstab 1:100

c) 10 m, Maßstab 1:50

d) 3,5 m, Maßstab 1:50

e) 8,3 m, Maßstab 1:100

f) 6,6 m, Maßstab 1:50

g) 0,24 m, Maßstab 1:2

h) 0,30 m, Maßstab 1:5

2 Zeichnen Sie die Grundrisse von folgenden Zimmern (Türen und Fenster sollen unberücksichtigt bleiben):

a) Länge: 5,20 m; Breite: 3,10 m;
Maßstab: 1:100

b) Länge: 5,20 m; Breite: 3,10 m;
Maßstab: 1:50

c) Länge: 3,20 m; Breite: 2,40 m;
Maßstab: 1:25

d) Länge: 3,80 m; Breite: 3,70 m;
Maßstab: 1:20

e) Länge: 4,50 m; Breite: 3,60 m;
Maßstab: 1:40

Im Geschäft erfahren Silvia und Markus, dass die verschiedenen Geräte und Schränke für eine Kücheneinrichtung heute genormt sind.

Damit die Einrichtung einer Küche richtig geplant werden kann, verwendet man Symbole.

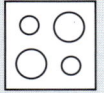 

Herd   Unterschränke,   Kühlschrank
              Topfschrank

Spüle   Hochschrank   Hängeschrank

Maßstab: 1:50

3 In die vier Grundrisse der Aufgabe **2** sollen auch Einrichtungsgegenstände eingezeichnet werden. Zeichnen Sie die vier Gegenstände in jeden Grundriss ein.
Achten Sie dabei auf den jeweiligen Maßstab!

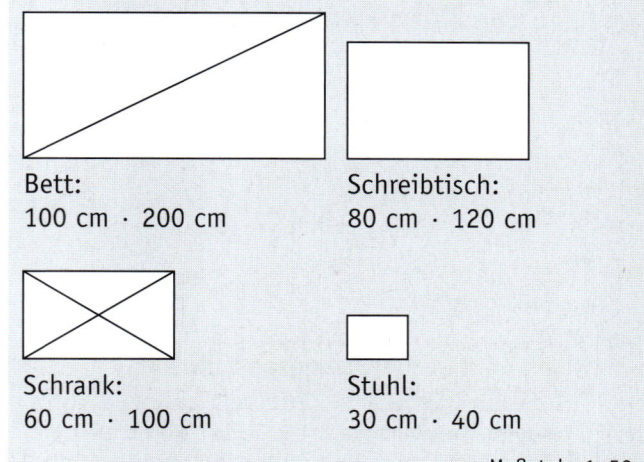

Bett: Schreibtisch:
100 cm · 200 cm   80 cm · 120 cm

Schrank: Stuhl:
60 cm · 100 cm   30 cm · 40 cm

Maßstab: 1:50

4 Zeichnen Sie Ihren Klassenraum mit Fenstern und Türen im Maßstab 1:100.
Für Fenster und Türen werden Symbole verwendet.

Fenster   Tür öffnet sich   Tür öffnet sich
              nach links   nach rechts

5 Welche Breite und Tiefe haben die Geräte und Einrichtungsgegenstände in der Abbildung in Wirklichkeit?

6 Zeichnen Sie die nebenstehenden Symbole im Maßstab 1:20.

7 Eine einzeilige Küche (Länge: 3,20 m) soll mit folgenden Schrank- und Geräteelementen eingerichtet werden:
Topfschrank (30 cm breit), Herd (60 cm breit), 2 Unterschränke (jeweils 60 cm breit), Spüle (110 cm breit).

Zeichnen Sie die Küchenzeile im Maßstab 1:50 und 1:20. Achten Sie bei der Anordnung der Geräte darauf, dass sich rechts und links des Herdes Arbeitsflächen befinden sollen.

8 So sieht der Vorschlag des Verkäufers für die Küche von Silvia und Markus aus.

Zeichnen Sie diese Küche im Maßstab 1 : 20.

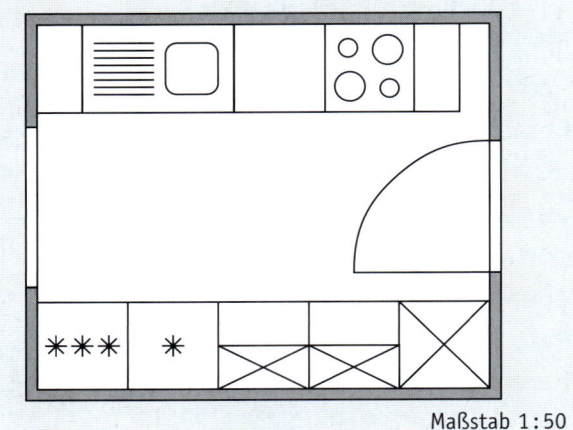

Maßstab 1 : 50

Wohnungsgesuch

Kaufm. Angestellte sucht 2 Zimmer, Küche, Bad, im Raum Poppelsdorf, Endenich, bis 360,– € warm. Tel. 68 18 73.

Wohnungsangebot

1-Zimmer-Appartement, Bad/WC, Diele, Balkon, Kochnische, ca. 35 qm, 270,– € kalt, ab sofort in Königswinter/Rheinpark, Hauptstraße zu vermieten.
Dr. Goetz, Immobilien, Kaiserstraße 16, Bonn, Tel. 19 39 12.

---

9 Claudia möchte nach ihrer Ausbildung in eine eigene Wohnung ziehen. Durch die Zeitung hat sie ein Einzimmerappartement gefunden.

a) Messen Sie Länge und Breite des Wohnschlafzimmers, der Kochnische, des Bads und des Flurs aus.

b) Zeichnen Sie das Appartement im Maßstab 1 : 50.

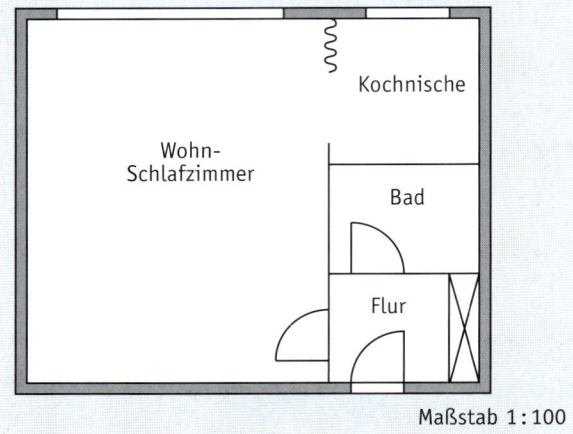

Maßstab 1 : 100

---

 a) Messen Sie bei der nebenstehenden Zweizimmerwohnung die Länge und die Breite der beiden Zimmer, des Bades, des Flurs und der Küche aus.

b) Zeichnen Sie die Wohnung im Maßstab 1 : 50.

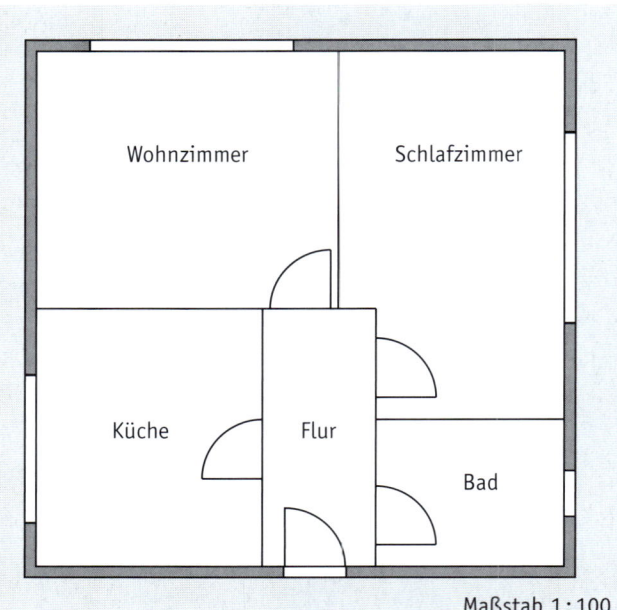

Maßstab 1 : 100

Hinweis: Bei den Aufgaben 9 und 10 auf dieser Seite und bei Aufgabe 21 auf Seite 81 bleibt die Dicke der Innenwände unberücksichtigt. Deshalb wurden die Innenwände nur mit einer einfachen Linie dargestellt.

22. Quadrat, Rechteck

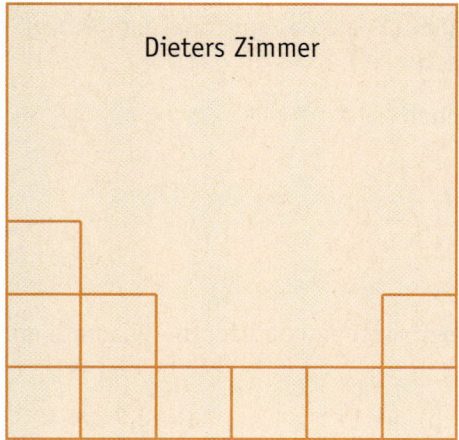

Dieters Zimmer

Dieter und Monika haben jeder ein Zimmer. Sie streiten sich, wer wohl das größere hat. Die Zimmer werden mit Teppichboden ausgelegt. Der Teppich hat ein Muster, wie es bei Dieters Zimmer angedeutet ist.

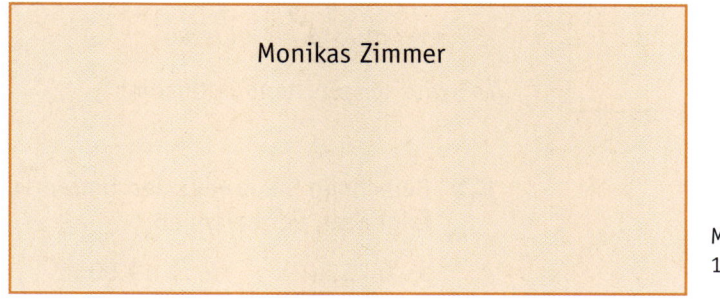

Monikas Zimmer

Maßstab
1:100

1 a) Zeichnen Sie die Flächen der Zimmer auf ein Blatt.
b) Zeichnen Sie in die Zimmer den Teppichboden ein. Fangen Sie unten links an.
Jedes Kästchen ist 1 cm lang und 1 cm breit.
c) Zählen Sie die Kästchen in beiden Zimmern. Wer hat mehr Kästchen?
d) Wie nennt man die Fläche des Zimmers von Monika und die Fläche des Zimmers von Dieter?

Maßeinheiten für Flächenmaße

- 1 mm
1 mm

Quadratmillimeter (mm²)

$$1 \text{ mm} \cdot 1 \text{ mm} = 1 \text{ mm}^2$$

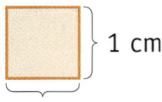

1 cm

1 cm

Quadratzentimeter (cm²)

$$1 \text{ cm} \cdot 1 \text{ cm} = 1 \text{ cm}^2$$

Quadratdezimeter (dm²)

$$1 \text{ dm} \cdot 1 \text{ dm} = 1 \text{ dm}^2$$

1 dm

1 dm

2 Zeichnen Sie die Fläche von einem Quadratmeter (m²) an die Tafel.

$$1 \text{ m} \cdot 1 \text{ m} = 1 \text{ m}^2$$

3 Das Rechenbuch hat das Papierformat DIN A4.

a) Schätzen Sie die Flächeninhalte von Zeichenblättern der Formate DIN A4, A3, A2, A1, A0.
b) Messen Sie und überprüfen Sie Ihre Schätzungen durch Rechnen (Flächeninhalt = Länge mal Breite).

Umfang und Flächeninhalt eines Quadrats

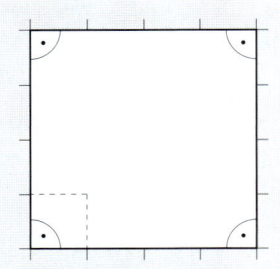

Ein Quadrat ist ein Viereck, bei dem alle Seiten gleich lang und alle Winkel gleich groß sind (es handelt sich um rechte Winkel).

a Seitenlänge, U Umfang, A Flächeninhalt

$$U = 4 \cdot a; \quad A = a \cdot a = a^2$$

(a^2 wird gesprochen: „a Quadrat")

4 Berechnen Sie jeweils den Umfang und den Flächeninhalt für die Quadrate mit folgenden Seitenlängen:

a) 0,75 m   c) 19,50 m   e) 14,14 m   g) 12,7 cm
b) 3,08 m   d) 115 m   f) 0,01 m   h) 25,5 cm

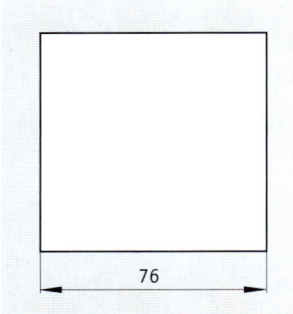

76

5 a) Wie groß sind U und A des Quadrates in der Abbildung?
Berechnen Sie U in cm und A in cm².

Hinweis: erst umwandeln: 76 mm = 7,6 cm

b) Jede Seite wird um 24 mm verlängert.
Wie groß sind U und A jetzt?

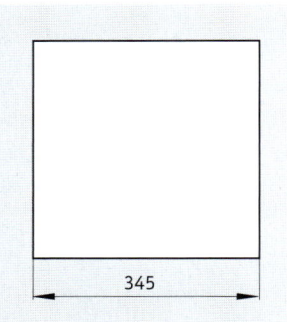

345

6 Michael möchte sein Zimmer mit Teppichboden auslegen. 1 m² kostet 15,70 €. Außerdem muss er noch neue Fußleisten anbringen. Davon kostet 1 m 1,95 €.

a) Wie viel € muss Michael insgesamt ausgeben?

Hinweis: erst umwandeln: 345 cm = 3,45 m

b) Im Bereich seiner Kochnische (mit einer Fläche von 4 m²) entscheidet er sich später doch für Fliesen.
Wie viel € hätte er für den Teppichboden einsparen können?

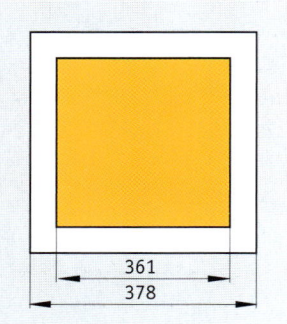

361
378

7 Rita hat für ihr Zimmer einen neuen Teppich bekommen.

a) Wie viel m² Teppich muss sie saugen?
b) Welche Fläche (in m²) bleibt übrig, die sie noch wischen muss?
c) Um nicht mehr wischen zu müssen, kauft Rita zwei Jahre später wieder einen neuen Teppich, der nun aber das Zimmer ganz ausfüllt. Für einen m² Teppich verlangt der Händler 12,99 €.
Wie viel € muss Rita bezahlen?

Für ein Fenster werden 6 quadratische Scheiben von 24 cm Seitenlänge zugeschnitten.

Was kosten die Scheiben, wenn 1 m² mit 25,25 € berechnet wird?

Umwandlung von Flächenmaßen

| 1 m² = 100 dm²; | 1 dm² = 100 cm²; | 1 cm² = 100 mm² |

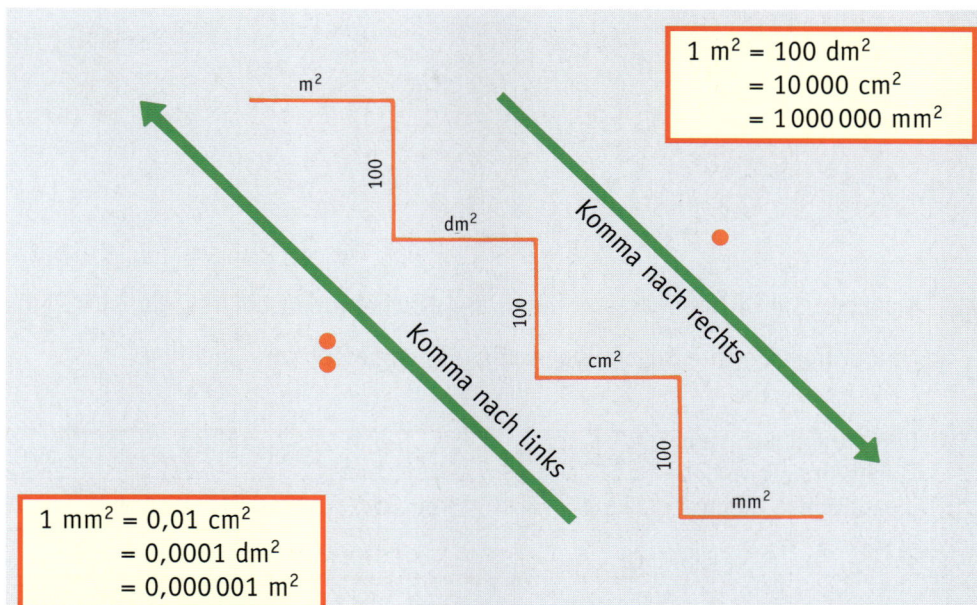

Die Umwandlungszahl für Flächenmaße ist 100.

1 m² = 100 dm²
    = 10 000 cm²
    = 1 000 000 mm²

1 mm² = 0,01 cm²
    = 0,0001 dm²
    = 0,000 001 m²

9 Übertragen Sie die „Treppen" in Ihr Heft und ergänzen Sie die noch fehlenden Zahlen.

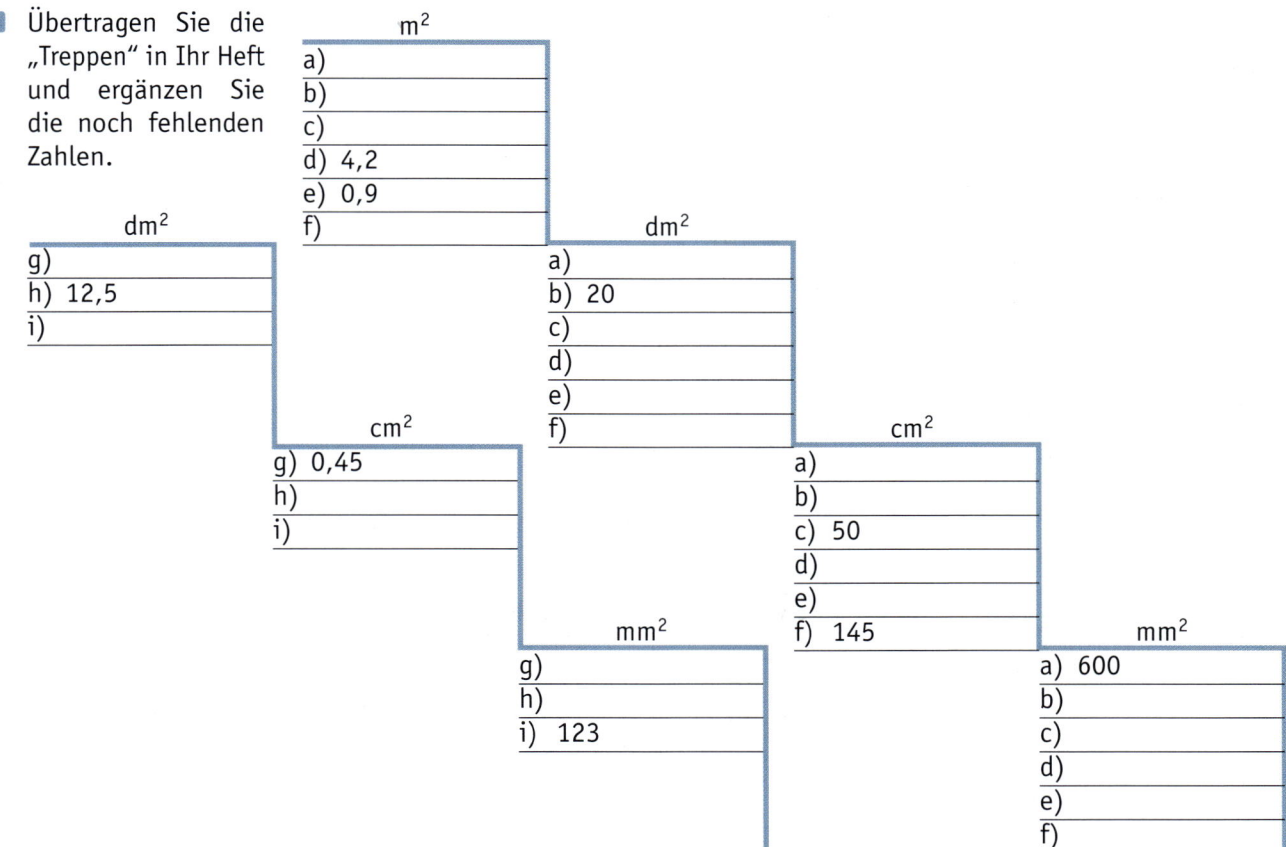

m²
a)
b)
c)
d) 4,2
e) 0,9
f)

dm²
g)
h) 12,5
i)

dm²
a)
b) 20
c)
d)
e)
f)

cm²
g) 0,45
h)
i)

cm²
a)
b)
c) 50
d)
e)
f) 145

mm²
g)
h)
i) 123

mm²
a) 600
b)
c)
d)
e)
f)

10 In Ritas Wohnung haben das Wohnzimmer und das Schlafzimmer jeweils eine quadratische Grundfläche.
Das Wohnzimmer hat eine Seitenlänge von 435 cm, das Schlafzimmer von 386 cm.

Wie groß sind die beiden Zimmer (in m²)?

Flächeninhalt und Umfang eines Rechtecks

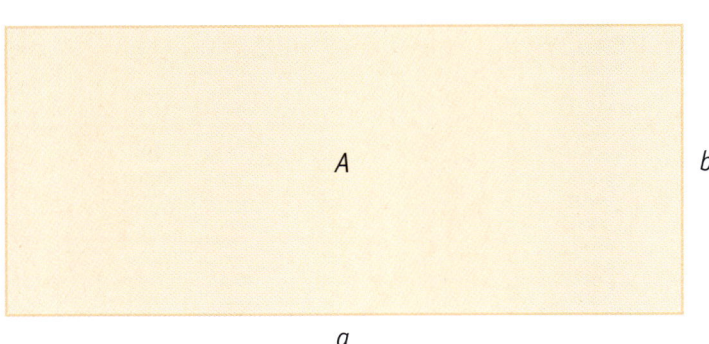

$A = a \cdot b$
$U = 2 \cdot a + 2 \cdot b$

11 Schätzen Sie in Ihrem Klassenraum: den Flächeninhalt der Tür, der Tafel, eines Fensters, einer Wandfläche.

Überprüfen Sie Ihre Schätzungen durch Nachmessen und Rechnen.

12 Berechnen Sie den Flächeninhalt *A* des jeweiligen Rechtecks.

a	5 m	15 m	2,75 m	6,05 m	9,08 m	24,45 m
b	3 m	8 m	1,55 m	4,75 m	6,07 m	12,95 m
A	?	?	?	?	?	?

13 Berechnen Sie den Umfang *U* des jeweiligen Rechtecks.

a	4 m	9,6 m	25,40 m	0,52 m	0,45 m	36,80 m
b	2,50 m	7,32 m	18,60 m	0,24 m	0,18 m	28,96 m
U	?	?	?	?	?	?

14 Eine Tischplatte hat eine Länge von 1,14 m und eine Breite von 0,69 m.

Berechnen Sie den Flächeninhalt der Platte.

15 Ein Haus ist 12,56 m lang und 10,08 m breit.

Wie groß ist die bebaute Fläche?

16

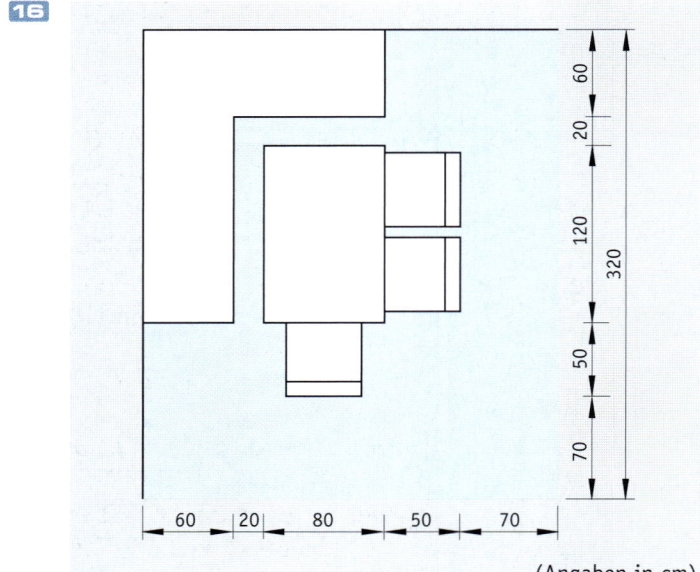

(Angaben in cm)

a) Berechnen Sie die Stellfläche (in m²), die man für nebenstehende Essecke benötigt.

b) Wie groß ist die Bewegungsfläche (blau), die man für die Essecke benötigt? (Ergebnis in m²)

c) Es wird noch ein Hocker mit folgenden Maßen dazugestellt:

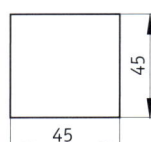

Um wie viel m² verringert sich die Bewegungsfläche?

17 Sie mieten ein Zimmer mit einer Länge von 6,80 m und einer Breite von 4,70 m.
Für jeden m² verlangt der Vermieter monatlich 6,40 €.

Wie hoch ist Ihre monatliche Miete?

18 Nach diesem einfachen Schnitt will sich Ursula eine Bluse nähen.

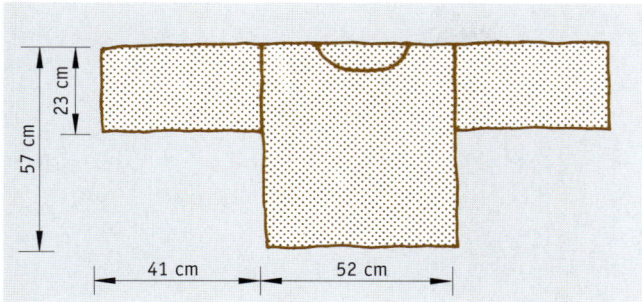

a) Wie viel m² Stoff braucht sie insgesamt (ohne Nahtzugabe)?

b) Wie viel m² Stoff muss sie einkaufen?
(Für Nahtzugabe und Verschnitt rechnet man noch 10 % hinzu.)

c) Ursula verkürzt die Ärmel um 10 cm.
Wie viel m² Stoff müsste sie jetzt einkaufen?
(mit Beachtung von Nahtzugabe und Verschnitt)

19 Ein Grundstück hat die hier dargestellte Form:

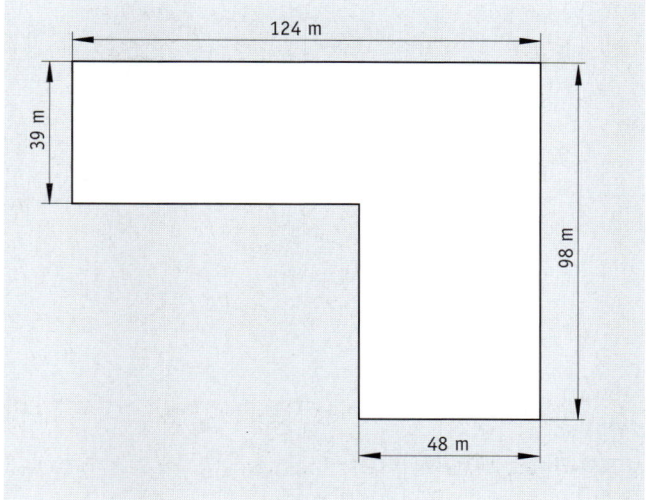

a) Auf der Grenze wird ein Zaun aufgestellt.
Berechnen sie die Länge des Zaunes.

b) Berechnen Sie den Flächeninhalt des Grundstücks.

20 Sabine möchte ihrer Mutter zum Geburtstag eine Tischdecke nähen. Der Tisch ist 50 cm breit und 80 cm lang. An allen Seiten soll die Decke 20 cm herunterhängen.

a) Wie groß (in m²) muss die Tischdecke sein?

b) Ein Meter Stoff (90 cm breit) kostet 17,40 €.
Wie teuer ist der Stoff für die Decke?

c) Der Rand soll mit Schrägband versäubert werden. 5 m Schrägband kosten 1,50 €.
Wie viel Schrägband muss Sabine kaufen?
Wie teuer ist das benötigte Schrägband?

d) Wie teuer ist die selbstangefertigte Decke insgesamt (ohne Arbeitszeit)?

21

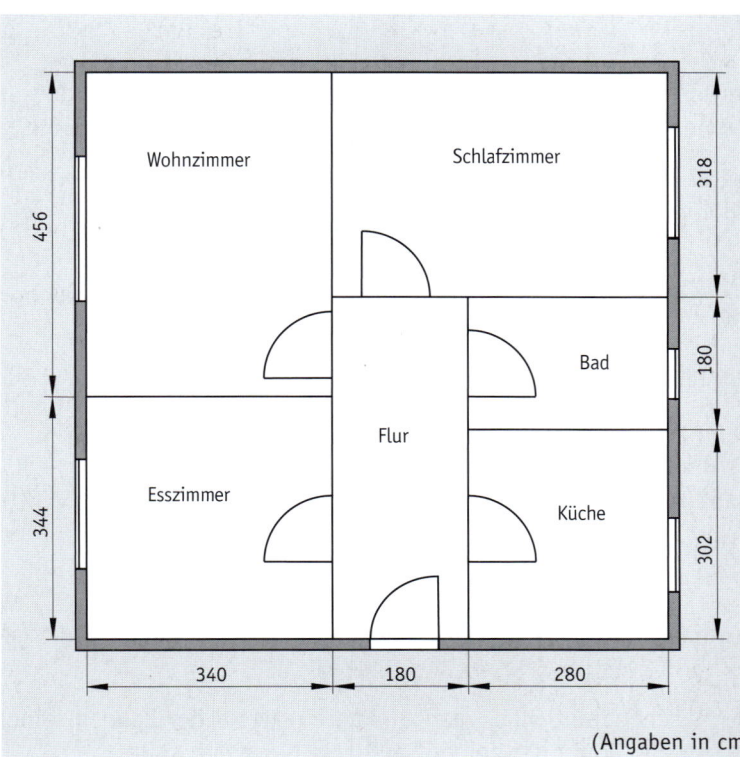

(Angaben in cm)

a) Berechnen Sie die Größe der einzelnen Räume in m².

b) Wie viel m² hat die Wohnung insgesamt?

c) Die Miete beträgt 540,00 €.
Berechnen Sie den m²-Preis.

d) Esszimmer, Wohn- und Schlafzimmer sollen mit Teppichboden ausgelegt werden. 1 m² Teppichboden kostet 18,50 €. 10 % Verschnitt kommen hinzu.
Wie teuer ist der Teppichboden insgesamt?

e) Der Boden von Bad, Küche und Flur soll gefliest werden.
Eine Fliese ist 22 cm · 22 cm groß und kostet 5,40 €. 10 % Verschnitt kommen hinzu.
Wie teuer sind die Fliesen insgesamt?

23. Kreis (Umfang und Flächeninhalt)

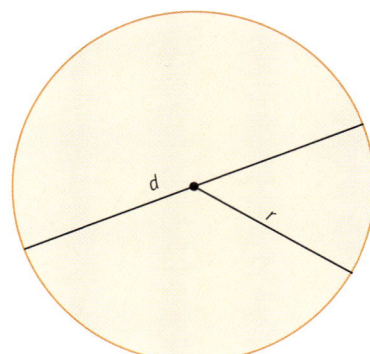

d Durchmesser

r Radius (Halbmesser)

$r = \dfrac{d}{2}$

Aufgabe:
Übertragen Sie die Tabelle auf ein Blatt und füllen Sie die Lücken aus.

	Schätzen	Messen		Rechnen	
	Umfang in cm	Durch-messer d in cm	Umfang U in cm	$U:d$	r
Dose	?	?	?	?	?
Flasche (Boden)	?	?	?	?	?
CD	?	?	?	?	?
Papierkorb	?	?	?	?	?

Kreisumfang

$U = 2 \cdot r \cdot \pi = d \cdot \pi$

$U \approx d \cdot 3{,}14$

π (gesprochen „Pi") nennt man die **Kreiszahl.**
π = 3,141592...

1 Für einen Adventskranz sollen Sie einen Haselnussstock schneiden. Der mittlere Durchmesser des Kranzes soll 0,60 m werden.

Wie lang muss der Stock mindestens sein?

2 Ein Lampenschirm hat einen Durchmesser von 52 cm. Am oberen und unteren Rand soll eine Bordüre angebracht werden. 1 m Bordüre kostet 4,56 €.

a) Wie viel m Bordüre werden gebraucht?
b) Wie teuer wird die Bordüre sein?

3 Eine runde Tischdecke (d = 1,65 m) soll mit einem Schrägband versäubert werden.

Wie viel m Schrägband benötigt man?

4 Ein rundes Beet hat einen Durchmesser von 2,40 m.
Der Rand soll mit Blumen bepflanzt werden. Auf 1 m rechnet man 5 Pflanzen.

Wie viele Pflanzen müssen gekauft werden?

5 Um einen runden Teich (d = 36 m) soll ein Zaun aus Maschendraht gezogen werden.

Wie viel m Maschendraht muss man einkaufen, wenn der Zaun in einem Abstand von 1 m vom Rand des Teiches aufgestellt werden soll?

6 Ein Leichtathletikstadion hat die nebenstehende Form.

a) Wie viel m legt ein Läufer in einer Runde zurück?

b) Wie viel m läuft er bei $2\frac{1}{2}$ Runden?

c) Wie viele Runden muss ein 5000-m-Läufer zurücklegen?

d) Marathonläufe werden nicht im Stadion ausgetragen. Wie viele Runden müsste ein Marathonläufer in einem Stadion zurücklegen?

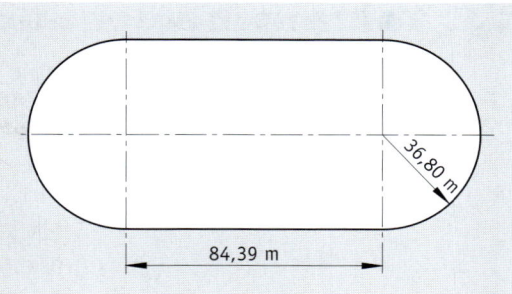

Umfang und Flächeninhalt eines Kreises

$$U \approx d \cdot 3{,}14$$

Flächeninhalt ≈ Radius mal Radius mal 3,14

$$A \approx r^2 \cdot 3{,}14 \qquad A = r^2 \cdot \pi$$

7 Übertragen Sie die nebenstehende Tabelle in Ihr Heft und füllen Sie sie aus.

d	2 m	14 cm	160 m	0,68 m	2,65 m	26,01 m
U	?	?	?	?	?	?
r	?	?	?	?	?	?
A	?	?	?	?	?	?

8 Für einen kreisrunden Esstisch ($d = 1{,}25$ m) soll eine Kaffeedecke genäht werden.

a) Wie viel m² Stoff benötigt man, wenn ringsherum 30 cm Stoff herunterhängen sollen?

b) Der Rand soll mit einer Borte verziert werden. Wie viel € muss man für die Borte bezahlen, wenn 1 m 2,35 € kostet?

9 a) Berechnen Sie die Fläche des Blumenbeetes (grün) in m².

b) Wie viele Blumenpflanzen muss man kaufen, wenn man für einen m² 24 Pflanzen benötigt?

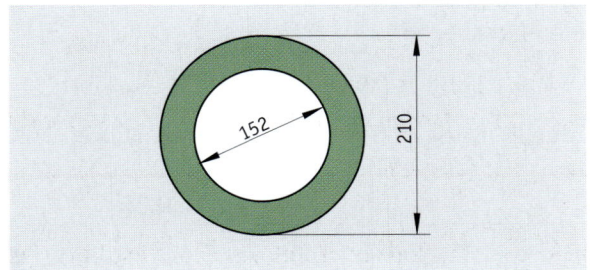

10 Ein kreisrundes Rasenbeet von 3,50 m Durchmesser soll angelegt werden.

Wie viel g Rasensaat benötigt man, wenn auf 1 m² 40 g Saat ausgestreut werden?

11 In einem quadratischen Raum wird die Decke in der Mitte nicht gestrichen (schraffiert).

Wie viel m² sind zu streichen?

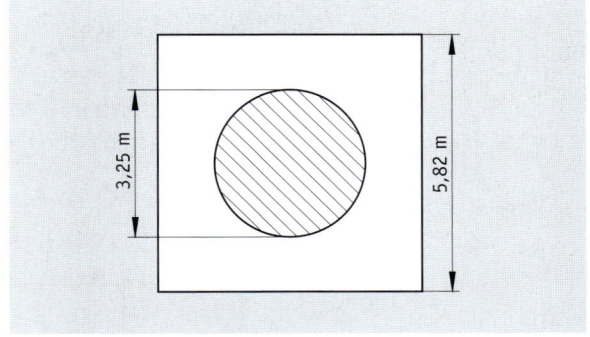

12 Wie viele Umdrehungen macht das Rad eines Fahrrades mit einem Durchmesser von 78 cm, wenn damit 1 km zurückgelegt wird?

24. Volumenberechnungen

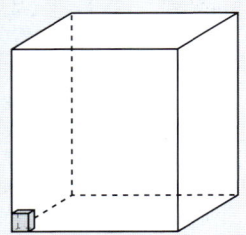

1 a) Fertigen Sie in der Klasse einen Würfel aus Pappe mit der Kantenlänge 1 m an. Lassen Sie den Würfel oben offen!

b) Fertigen Sie Würfel mit der Kantenlänge 1 dm an.

c) Wie viele kleine Würfel (Kantenlänge 1 dm) wären erforderlich, um den Boden des großen Würfels (Kantenlänge 1 m) ganz zu bedecken?

d) Wie viele kleine Würfel passen insgesamt in den großen Würfel?

Volumenmaße:

Kubikmillimeter (mm³)
Kubikzentimeter (cm³)
Kubikdezimeter   (dm³)
Kubikmeter   (m³)

$$1 \text{ m}^3 = 1000 \text{ dm}^3$$
$$1 \text{ dm}^3 = 1000 \text{ cm}^3$$
$$1 \text{ cm}^3 = 1000 \text{ mm}^3$$
$$1 \text{ Liter (l)} = 1 \text{ dm}^3$$
$$1 \text{ Milliliter (ml)} = 1 \text{ cm}^3$$

Die Umwandlungszahl für Volumenmaße ist 1000.

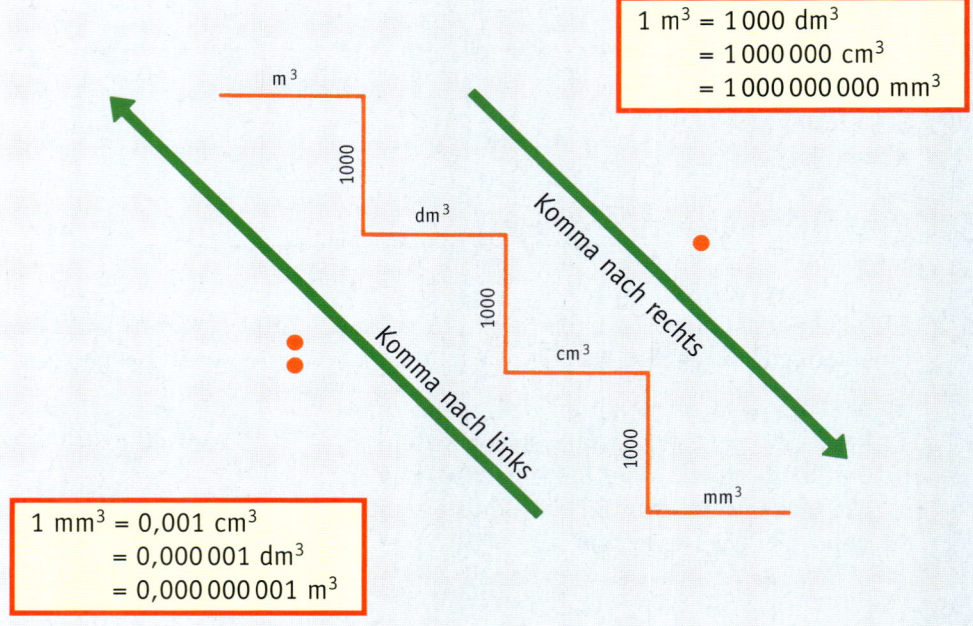

$$1 \text{ m}^3 = 1\,000 \text{ dm}^3$$
$$= 1\,000\,000 \text{ cm}^3$$
$$= 1\,000\,000\,000 \text{ mm}^3$$

$$1 \text{ mm}^3 = 0{,}001 \text{ cm}^3$$
$$= 0{,}000\,001 \text{ dm}^3$$
$$= 0{,}000\,000\,001 \text{ m}^3$$

2 Schätzen Sie das Volumen folgender Gegenstände:
einer Kaffeetasse, einer Konservendose, eines Kochtopfes, eines Eimers.
Überprüfen Sie Ihre Schätzungen durch Einfüllen von Wasser.
Benutzen Sie zur Kontrolle einen Messbecher.

3 Übertragen Sie die folgende Tabelle in Ihr Heft und füllen Sie die Lücken aus.

m³	2	?	?	?	0,35	?
dm³	?	?	?	98	?	8,6
cm³	?	?	4225	?	?	?
mm³	?	70 865	?	?	?	?

4 Jeder Arbeitsraum muss je beschäftigter Person mindestens 15 m³ Luftraum aufweisen.

Wie viele Personen dürfen ständig in einem Raum beschäftigt werden, der folgende Maße hat: Länge 5,40 m, Breite 4,60 m, Höhe 3,20 m?

5 Herr Müller lässt den tropfenden Wasserhahn im Badezimmer nicht reparieren. Pro Tag gehen dadurch etwa 15 l Wasser verloren.

a) Wie viel l Wasser gehen dadurch in einem Jahr (365 Tage) verloren?

b) Herr Müller muss an Wasser- und Kanalgebühren zusammen 3,45 € pro m³ Wasser bezahlen.
Wie viel € Verlust hat Herr Müller durch den tropfenden Hahn in einem Jahr?

 6 Sie gehen einkaufen und bringen folgende Waren mit nach Hause:
zwei Konservendosen Erbsen zu je 850 ml,
eine Flasche Putzmittel 400 ml,
eine Flasche Weichspüler 4 l,
drei Dosen Hautcreme zu 39 cm³, 54 cm³ und 145 cm³,
einen Kasten Limonade (12 Flaschen zu je 0,7 l).

Berechnen Sie, welchen Inhalt (in l) die Kaufgegenstände insgesamt haben.

Rechteckige Säulen

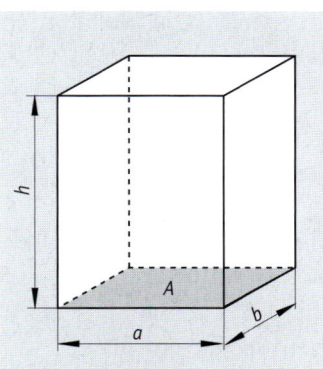

Rauminhalt = Flächeninhalt · Höhe

$$V = A \cdot h$$

Rechtecksäule: $V = a \cdot b \cdot h$
a und b Längen der Grundseiten,
h Höhe des Körpers

Würfel: $V = a \cdot a \cdot a = a^3$

Beispiel 1: Ein Kühlschrank hat die Maße:
$a = 0,50$ m, $b = 0,46$ m, $h = 0,74$ m.
Welchen Inhalt hat er?

Rechnung: $V = A \cdot h$
$V = a \cdot b \cdot h$
$V = 0,5 \text{ m} \cdot 0,46 \text{ m} \cdot 0,74 \text{ m}$
$V = 0,1702 \text{ m}^3 \approx 0,17 \text{ m}^3$

Antwort: Der Kühlschrank hat einen Inhalt
von ungefähr 0,17 m³ = 170 l.

Beispiel 2:

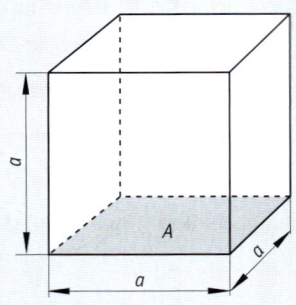

Berechnen Sie das Volumen eines würfelförmigen Einfriergefäßes mit der Kantenlänge $a = 7$ dm.

Rechnung: $V = A \cdot h$ ($h = a$ bei einem Würfel)
$V = a \cdot a \cdot a$
$V = 7$ dm $\cdot$ 7 dm $\cdot$ 7 dm
$V = 343$ dm^3

Antwort: Das Einfriergerät hat ein Volumen von 343 dm^3 = 343 l.

---

7 Eine würfelförmige Bienenwachskerze soll gegossen werden.

Wie viel ml Bienenwachs sind erforderlich, wenn die Kantenlänge 8 cm betragen soll?

8 Umzugsfaltkisten sind 0,70 m lang, 0,38 m breit und 0,40 m hoch.

Welches Volumen hat eine Kiste?

9 Wie viel l Eis fasst ein Behälter mit den Maßen
$a = 17$ cm, $b = 12$ cm, $h = 8$ cm?

10 Eine Packung Milch hat die Maße
$a = 7$ cm, $b = 7$ cm, $h = 20$ cm.

Wie viel l Milch können eingefüllt werden?

11

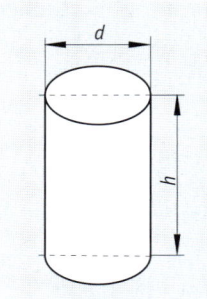

$V = A \cdot h$
$V = r^2 \cdot \pi \cdot h$

a) Ein zylindrischer Behälter soll mit Öl gefüllt werden.
Maße:
$d = 30$ cm
$h = 45$ cm

Wie viel l Öl können eingefüllt werden?

b) Wie viel l Öl fasst ein zylindrischer Behälter mit $r = 20$ cm und $h = 45$ cm?

12 Eine Konservendose hat einen Durchmesser von 7,5 cm und eine Höhe von 11 cm.

Wie viel l Konserven enthält die Dose?

13 Ein Stieltopf hat einen Durchmesser von 16 cm und eine Höhe von 8 cm.

Wie viel l Milch können eingefüllt werden?

14 Ein zylindrischer Wasserbehälter ist 35 cm hoch. Er hat einen Durchmesser von 24 cm.

Wie viel l Wasser gehen in diesen Behälter?

 15 Ein zylindrischer Messbehälter mit einem Durchmesser von 10 cm soll 1 l fassen.

In welcher Höhe muss die Messmarke „1 l" angebracht werden?

Anhang

Formeln

Umfang eines **Quadrates**		$U = 4 \cdot a$
Flächeninhalt eines **Quadrates**	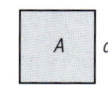	$A = a^2 = a \cdot a$
Umfang eines **Rechtecks**	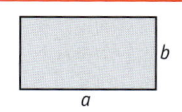	$U = 2 \cdot a + 2 \cdot b$
Flächeninhalt eines **Rechtecks**	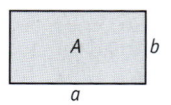	$A = a \cdot b$
Umfang eines **Kreises**	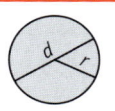	$U = 2 \cdot r \cdot \pi$ $= d \cdot \pi \approx d \cdot 3{,}14$
Flächeninhalt eines **Kreises**	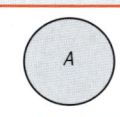	$A = r^2 \cdot \pi$ $= d^2 \cdot \dfrac{\pi}{4} \approx d^2 \cdot 0{,}785$
Volumen einer **rechteckigen Säule**	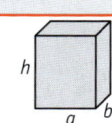	$V = a \cdot b \cdot h$
Volumen eines **Würfels**	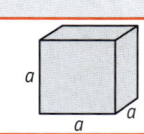	$V = a \cdot a \cdot a = a^3$

Prozentwert $= \dfrac{\text{Grundwert} \cdot \text{Prozentsatz}}{100}$

Zinsen: $Z = \dfrac{K \cdot i \cdot p}{100}$

Prozentsatz $= \dfrac{\text{Prozentwert} \cdot 100}{\text{Grundwert}}$

Kapital: $K = \dfrac{Z \cdot 100}{i \cdot p}$

Anzahl der Jahre: $i = \dfrac{Z \cdot 100}{K \cdot p}$

Grundwert $= \dfrac{\text{Prozentwert} \cdot 100}{\text{Prozentsatz}}$

Zinssatz: $p = \dfrac{Z \cdot 100}{K \cdot i}$

i bei Monatszinsen: $i = \dfrac{m}{12}$　　　**i bei Tageszinsen:** $i = \dfrac{t}{360}$

Umrechnen von Größen

Massen (Gewichte)	1 t = 1000 kg 1 kg = 1000 g
Zeiten	1 Jahr ≈ 360 Tage 1 Tag = 24 h 1 h = 60 min = 3600 s 1 min = 60 s
Längen	1 km = 1000 m 1 m = 10 dm 1 dm = 10 cm 1 cm = 10 mm
Flächeninhalte	$1\ m^2 = 100\ dm^2$ $1\ dm^2 = 100\ cm^2$ $1\ cm^2 = 100\ mm^2$
Volumina	$1\ m^3 = 1000\ dm^3$ $1\ dm^3 = 1\ l = 1000\ ml = 1000\ cm^3$ 1 cl = 0,01 l = 10 ml $1\ cm^3 = 1\ ml = 1000\ mm^3$